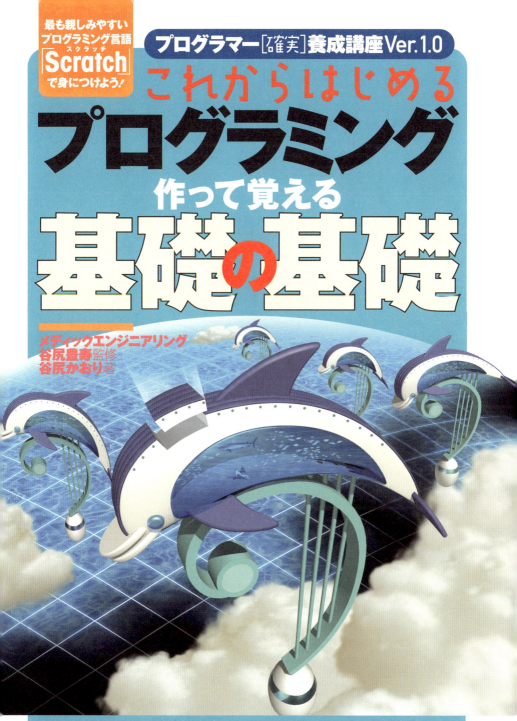

- 本書の内容は執筆時点（2016年6月）のものです。記載された内容には、将来において変更が生じる場合があります。
- Scratch、Scratchのロゴマーク、Scratchキャットは、Scratchチームの商標です。
- Scratchは、MITメディアラボのライフロングキンダーガーテングループ（Lifelong Kindergarten Group）により開発されました。詳しくは、http://scratch.mit.edu/ を参照してください。
- 本書には、Scratchチームが所有するコンテンツを利用したものが含まれます。それらはCreative Commons Attribution-ShareAlike 2.0 ライセンスに従って使用しています。
- 本書に登場する製品名などは、一般に、各社の登録商標または商標です。なお、本文中に ™、® マークなどは特に明記していません。

はじめに

　「プログラミングの勉強を始めようと思って本屋さんに来てみたけれど、あまりにたくさんの書籍があって、どれを選べばいいかわからない……」という人はいませんか？　少し勉強して自分で何がわからないのかがわかるようになってくると、参考書を選ぶこともできるのですが、「さあ、始めるぞ！」という段階では何を選べばいいか、迷うのは当然です。

　そんなふうに迷っているときに偶然でも本書を手にしてくださったあなたに、ちょっとだけプログラミングを習得するコツをお教えしましょう。それは――

　とにかくプログラムを作って動かしてみること。
　そして、思ったとおりに動いたら喜んで、動かなかったときは原因を追究すること。

これを繰り返すことで、プログラミングは必ず習得できます。しかし――

　プログラムが何たるものかもわからないのに、プログラムなんて書けるわけないよ！

と思うでしょう？　その気持ちもよくわかります。なぜなら、プログラムは英語でも日本語でもない、「プログラミング言語」という特殊な言語を使って書かなければならないのですから。それでも、みなさんには「自分で考えて作ったものが動く」というプログラミングの楽しさを、まずは知ってもらいたいのです。そこでたどり着いたのが **Scratch（スクラッチ）** です。

　Scratch はアメリカ MIT[*1] メディアラボが、プログラミング言語の学習用に開発したプログラム開発環境です。カラフルでかわいらしい画面から子供向けと思われがちですが、とんでもない！　Scratch はプログラムの「プ」の字も知らない初心者が、プログラミングの基礎をしっかり学ぶために最適で最強のツールなのです。想像してみてください――

　Scratch ではおもちゃのブロックのような部品をマウスのドラッグ操作で組み

[*1] マサチューセッツ工科大学（Massachusetts Institute of Technology）のことです。

はじめに

　合わせるだけで、プログラムが出来上がる

のです。そして——

　作ったプログラムをクリックするだけで、その場で動きを確かめることができる

のです。ほら、「作って動かして、思いどおりに動いたら喜んで、動かなかったら原因を追究する」という一連の作業が、簡単にできそうでしょう？
　Scratchにはプログラミングの基礎を学ぶうえで必要な機能のほとんどが、ブロックという形で用意されています。プログラミング言語特有の難しいお作法や、たくさんの命令を覚える必要もありません。

　ブロックを並べるだけで、プログラミングの基礎がきちんと習得できる

なんて、理想的だと思いませんか？

　ところで「プログラミングの基礎」って、何だと思いますか？　定義の仕方はいろいろあると思いますが、私たちは、**どのプログラミング言語にも共通する「プログラムの考え方」や「プログラムの書き方」**のように考えています。

　コンピュータに何をしてほしいのか？　それはどのような「仕組み」なのか？
　それを実現するには何が必要で、どのような処理を、どのような順番で実行すればよいのか？

どのプログラミング言語を使うときにも、これらのことを考える作業は必要です。つまり、プログラミングを学習するうえで一番大切な作業が「考えること」なのです。それならば難しいプログラミング言語で習得するよりも、Scratchを使った方がはるかに手軽でしょう？

　本書は「**ただ単純にブロックを並べて、動かして、「はい、出来上がり」を繰り返しているうちに、なんとなくプログラムが書けるようになっちゃった**」を目指す本ではありません。もちろん、そういう学習の仕方もあると思いますし、この方が子供はプログラミングに夢中になるかもしれません。しかし、「なんとなく身に付けた知識」には、「きちんとした理論」が伴っていないことがあるのです。

はじめに

　Scratchで夢中になって楽しいプログラムを作っている間はよいのですが、その先に進むときにつまずく可能性はゼロではありません。そうならないように、理屈をきちんと理解したうえでプログラムを作れるようになりましょう。

　本書ではプログラミングの基礎をしっかり習得できるように、いろいろな工夫をしました。まず、サンプルプログラム。これには「しりとり」や「ネット通販のログイン画面」、「お掃除ロボット」など、頭の中で動きがイメージできるものばかりを用意しました。これらが

　どのように動くのか、その仕組みはどうなっているのかを考えて、
　　　↓
　どのような処理を、どのような順番で行うかを紙に書いて、
　　　↓
　それを見ながらScratchのブロックを組み立てて、
　　　↓
　出来上がったプログラムを実行して確認する

本書ではすべてのサンプルを、この手順で作り上げていきます。みなさんの中には、「これってPDCAサイクル[*2] みたいだな」と思った方がいるかもしれませんね。一連の手順をちょっと面倒だと感じるかもしれませんが、同じサイクルを何度も繰り返しているうちに、**プログラムとはどういうものか、プログラミングとはどのような作業か、そして、どういう理屈でこうなるのかなど、プログラミングに必要な知識が自然に身に付く**ようにしました。

　プログラミングを勉強したいけれど、何から手をつけていいかわからない——。もしも今あなたがそんなふうに思っているのなら、さっそく本書でScratchから始めてみませんか？

　末筆ながら、本書の執筆にあたりお世話になった技術評論社編集局の跡部和之様、そして編集の高橋陽様に心より御礼申し上げます。

2016年6月

谷尻 豊寿／かおり

[*2] Plan（計画）、Do（実行）、Check（検証）、Action（改善）を繰り返すことで、業務や品質を継続的に改善する仕組みのことです。

目次

はじめに —— 3

第0章 まずは道具を準備しよう —— 13

1 Scratch公式サイトへ行く —— 14
2 オンラインで使用する —— 15
3 パソコンにインストールして使用する —— 16
   3.1 Windowsを利用しているとき —— 18
   3.2 Mac OSを利用しているとき —— 21
4 日本語を表示する —— 24

第1章 プログラミングを始めよう —— 25

1 いま、プログラミングが熱い! —— 26
2 ところで「プログラム」ってどんなもの? —— 27
3 プログラミングを勉強するメリット —— 28
4 プログラムは誰にでも作れるんです —— 30
5 Scratchから始めてみよう! —— 31
6 Scratchの使い方 —— 37
   6.1 Scratchの画面 —— 37
   6.2 プログラムを編集する —— 40
   6.3 プログラムを実行する —— 44
   6.4 プログラムを保存する/開く —— 46

第2章 プログラムの流れを理解しよう —— 49

1 ネコのひとりごと —— 50
2 ネコと会話する —— 52
3 答えを判定する —— 56

4 正解のときだけジャンプする ── 60

5 何度もジャンプさせるには？ ── 62

6 答えが間違っているときの動きを作ってみよう ── 65

7 プログラムの流れ方は3通り ── 66

第3章 値を入れる箱をマスターしよう ── 69

1 ［答え］の役割 ── 70

2 「変数」は変化する ── 72

3 ［答え］を覚えておく方法 ── 76

　3.1 変数を作ろう ── 77

　3.2 変数に値を入れる ── 79

　3.3 変数を使ってみよう ── 80

　3.4 変数を使うと便利！―その1：［答え］を見失わない ── 83

4 コンピュータを使って計算する ── 84

　4.1 「110」と「１１０」の違い ── 84

　4.2 計算式の書き方 ── 85

　4.3 レジで払うお金はいくら？ ── 87

　4.4 変数を使うと便利！―その2：「値段」が変わっても大丈夫 ── 88

　4.5 複雑な計算にチャレンジ ── 89

　4.6 計算式を1つにまとめる ── 91

　4.7 「1.1×100」が「110」にならない!? ── 94

　4.8 「合計」に1を足すと「合計」になる？ ── 98

第4章 プログラムの流れをコントロールしよう ── 103

1 「はい」か「いいえ」ですべてが決まる ── 104

2 値を比較する方法 ── 106

　2.1 値の比較に使う記号 ── 106

　2.2 値を比較するときに注意すること ── 108

　2.3 1,000円以上のときに「おまけ」するには？ ── 110

　2.4 「または」と「かつ」の違い ── 112

目次

3 プログラムの分かれ道を作る —— 116
- **3.1** 会員カードを持っている人だけ5%引きにする —— 116
- **3.2** アカウントとパスワード、正しくないのはどっち? —— 118
- **3.3** 「1,000円以上、2,000円未満」を調べる方法 —— 120
- **3.4** 連続する数値の範囲を利用して処理を分岐する —— 126

第5章 ループを使いこなそう —— 129

1 ずーっと繰り返す —— 130

2 ○○まで繰り返す —— 134
- **2.1** しりとりをやめる「きっかけ」を作る —— 134
- **2.2** 最後が「ん」のときに終了する —— 138
- **2.3** パスコード認証にチャレンジ —— 141
- **2.4** 繰り返し処理の組み合わせ —— 144

3 値をまとめて箱に入れる —— 147
- **3.1** 番号付きの箱を利用する —— 147
- **3.2** 小箱の中身を確認する —— 150
- **3.3** ループを使って効率よく小箱の中身を調べる —— 152
- **3.4** 小箱の追加と削除 —— 155
- **3.5** 足し算専用電卓を作ろう —— 157
- **3.6** リストを使うときに注意すること —— 164

第6章 アニメーションにチャレンジ —— 167

1 「動く」ってどういうこと? —— 168

2 パラパラ漫画のアニメーション —— 169
- **2.1** ポーズを変えて、その場で駆け足 —— 169
- **2.2** 背景を動かす —— 171
- **2.3** 大きさを変える —— 177

3 思いどおりにネコを動かす —— 183
- **3.1** 「動き」を数値で表す方法 —— 183
- **3.2** 矢印キーで上下左右に動かす —— 186

- 3.3 マウスの位置に瞬間移動 ── 191
- 3.4 マウスの後ろを追いかける ── 193
- 4 ひとり歩きを始めたネコ ── 195
  - 4.1 ずーっと歩き続ける ── 195
  - 4.2 「跳ね返る」ってどういうこと？ ── 199
  - 4.3 「端に触れる」ってどういうこと？ ── 202
  - 4.4 ステージを縦横無尽に走るネコ ── 205

第7章 一歩進んだプログラミング ── 211

- 1 オリジナルのブロックを作ろう ── 212
  - 1.1 ↑キーが押されたら、ジャンプ！ ── 212
  - 1.2 ［ジャンプする］ブロックを作る ── 214
  - 1.3 ［ジャンプする］ブロックを使う ── 217
  - 1.4 部品にすると便利になること ── 218
  - 1.5 好きな高さでジャンプする ── 220
- 2 イベントを利用してプログラムを実行しよう ── 224
- 3 複数のスプライトを利用しよう ── 228
  - 3.1 ステージにネズミを追加する ── 228
  - 3.2 ネズミを動かすプログラム ── 230
  - 3.3 ネコを動かすプログラム ── 232
  - 3.4 合図を送ってネズミを動かす ── 233

第8章 お掃除ロボットを作ろう！ ── 239

- 1 ロボットの出来上がりをイメージする ── 240
- 2 掃除の仕方を決める ── 241
- 3 部屋のレイアウトを決める ── 243
- 4 ランダムモードのプログラム ── 246
  - 4.1 ステージ上をジグザグに動かす ── 246
  - 4.2 コロ丸の軌跡を表示する ── 248
  - 4.3 家具にぶつかったときはどうする？ ── 250

- **4.4** タイマーをセットする —— 255
- **4.5** ステージ上をランダムに動かす —— 258
- **4.6** 変数を使ってメンテナンスしやすくする —— 260
- **4.7** プログラムを部品化してメンテナンスしやすくする —— 262

5 直進モードのプログラム —— 266
- **5.1** 動き方のルールを決めよう —— 266
- **5.2** コロ丸が移動できる範囲を確認する —— 270
- **5.3** コロ丸の位置とペンを初期化する —— 272
- **5.4** 縦方向に掃除する —— 274
- **5.5** 横方向に掃除する —— 285
- **5.6** 充電台に戻る —— 290
- **5.7** タイマーを利用する —— 291

第9章 次のステップへ —— 299

1 本格的なプログラミングを始める前に —— 300
2 プログラミングに必要な道具 —— 302
3 どのプログラミング言語を選ぶべきか？ —— 303
4 Scratchとの違い —— 307
- **4.1** Scratchだけの便利な機能 —— 307
- **4.2** 変数の有効範囲 —— 308
- **4.3** オリジナルのブロックと関数の違い —— 310
- **4.4** コンピュータ世界の座標系 —— 311
- **4.5** 用語について —— 313

付録 ブロック一覧 —— 315

索引 —— 324

本書について

● バージョンについて

本書は、Scratch 2 バージョン 447 を使用して執筆されました。
読者が試す際にはバージョンが上がっている可能性があります。
その際、ブロック名などが本書とは異なっているかもしれません。
プログラミングの考え方には影響しませんので、適宜読み替えて試してみてください。

● Scratch のブロックの表記について

Scratch のブロックは、一部の見出し、脚注等においてはスペース等の関係で、「[合計を1ずつ変える]」のように文字列で表現しています。

● サンプルファイルについて

本書付属の CD-ROM にはサンプルコードが収められています（電子版の場合はダウンロードが必要になります）。
ファイル名は、本文中のリスト番号に対応しています。リストの見出しにも「(●list1-1.sb2)」のように表示してあります。
一部のファイルには、説明の中で「ためしに」やってみたプログラムも収録しています。

第0章 まずは道具を準備しよう

本書ではプログラミングの学習に「Scratch」というツールを使用します。

Scratch は無料で使えるソフトウェアで、**オンラインで使用する（ブラウザで使用する）**ことも、**自分のパソコンにインストールして使用する**こともできます。本書では、自分のパソコンにインストールして使うことを前提に説明します。

第 0 章 まずは道具を準備しよう

Scratch[*1] は子供がプログラミングを学ぶために作られたプログラミング環境ですが、実はプログラミングの基礎を学ぶにはピッタリの道具です（詳しくは、第 1 章で説明します）。

Scratch をインストールするために、まずは公式サイトに行ってみましょう。

Internet Explorer や Edge、Mozilla Firefox、Safari、Google Chrome など、いつも使っているブラウザを起動して、アドレス欄に次のアドレスを入力してください。Scratch の公式サイト[*2] が表示されます（⬈図 0.1）。

図 0.1 Scratch のサイト

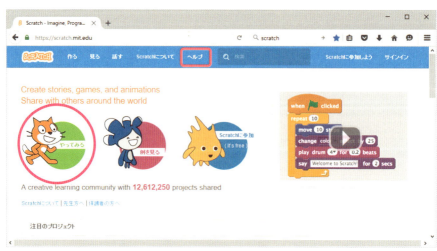

[*1] 本書執筆時点での最新バージョンは 2.0 です。
[*2] サイトの画面は、この本を執筆している時点のものです。あなたが閲覧するときは変わっているかもしれません。

画面上の［やってみる］（図0.1の左側丸印内）をクリックすると、図0.2の画面が表示されてScratchを利用できるようになります。ただし、オンラインで使用するときは、作業している間、インターネットに接続している必要があります。

図0.2 ブラウザで起動したScratch

　Scratch をパソコンにインストールすると、インターネットに接続せずに Scratch を利用できるようになります。図 0.1 の画面で［ヘルプ］（中央上部四角内）をクリックしてください。図 0.3 の画面が表示される[*3]ので、画面右側の［Scratch 2 オフラインエディター］をクリックしてください。

図 0.3 Scratch のヘルプ画面

[*3] もし、英語で表示された場合は、画面を一番下までスクロールすると［English］となっている個所があるはずです。そこをクリックして［日本語］を選択してください。

3 パソコンにインストールして使用する

　Scratch のダウンロード画面が表示されます（→ 図 0.4）。この画面から必要なファイルをダウンロードしましょう。❶と❷は必ずダウンロードしてください。

❶Adobe AIR：（必須）パソコンに Scratch をインストールして使用するために必要なソフトウェアです。
❷Scratch オフラインエディター：（必須）Scratch 本体です。
❸サポート素材：Scratch の使い方やガイドです。

図 0.4 Scratch 2 オフラインエディターダウンロード画面

3.1 Windowsを利用しているとき

Adobe AIRのインストール

図0.4の「Adobe AIR」の下の方にある［Windows］の［ダウンロード］をクリックすると、Adobe AIRのダウンロード画面[*4]が表示されます（→図0.5）。［今すぐダウンロード］をクリックしてください。図0.6の画面が現れるので、［ファイルの保存］をクリックしてください[*5]。AdobeAIRInstall.exeがダウンロードされます。

図 0.5 Adobe AIRのダウンロード画面

ダウンロードが完了したら、ダウンロード先のフォルダーを開き、AdobeAIRInstall.exeのアイコンをダブルクリック[*6]してください。図0.7の画面が現れるの

[*4] ダウンロードする時期によって、画面は異なることがあります。

[*5] ブラウザには［次へ］というボタンが表示されたままになるかもしれませんが、Adobe社の広告に進むボタンなので、そのまま閉じてもかまいません。

[*6] 「Adobe AIRのアップデート」が表示されたときは、［アップデート］をクリックしてください。Adobe AIRが最新の状態に更新されます。また、「Adobe AIRは既にインストールされています」が表示された場合はインストールの必要はありません。［閉じる］をクリックしてください。

で［同意する］をクリックします[*7]。インストール完了を知らせる画面に変わったら［完了］をクリックしてください。

図 0.6 AdobeAIRInstall.exe のダウンロード

図 0.7 Adobe AIR のインストール

[*7]　「ユーザーアカウント制御」の画面が出たら［はい］をクリックします。

Scratch 2 オフラインエディターのインストール

　もう一度、Scratch の公式サイトのダウンロード画面（→ 図 0.4）に戻って、［Scratch オフラインエディター］の下の方にある［Windows］の［ダウンロード］をクリックしてください。Scratch-447.exe[*8]がダウンロードされます。ダウンロードが完了したら、ダウンロード先のフォルダーを開き、Scratch-447.exe のアイコンをダブルクリックしてください。図 0.8 の画面が現れるので、［続行］をクリックする[*9]とインストールが始まります。インストールを完了すると、自動的に Scratch が起動します。

図 0.8 Scratch 2 オフラインエディターのインストール画面

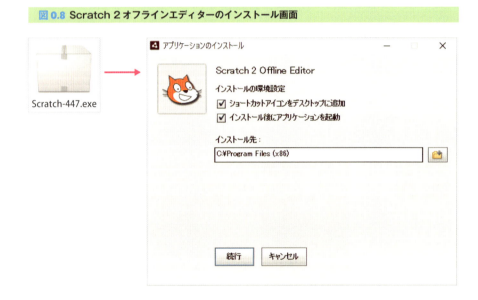

[*8] 「Scratch-」の後に続く番号は、Scratch オフラインエディターのバージョン番号です。この番号はダウンロードする時期によって変わります。
[*9] 「ユーザーアカウント制御」の画面が出たら［はい］をクリックします。

3.2 Mac OS を利用しているとき

Adobe AIR のインストール

図 0.4 の「Adobe AIR」の中からご使用の Mac OS に対応する［ダウンロード］をクリックすると、Adobe AIR のダウンロード画面[*10]が表示されます（➡図 0.9）。［今すぐダウンロード］をクリックしてください[*11]。AdobeAIR.dmg がダウンロードされます。

図 0.9 Adobe AIR のダウンロード画面

ダウンロードが完了したらアイコンをダブルクリックしてディスクイメージを開き、その中の Adobe AIR Installer.app をダブルクリック[*12]してください。図 0.10 左下の画面で［開く］をクリックすると、図 0.10 右の画面が現れるので、[同意する]をクリックしてください。Adobe AIR のインストールが始まります。インストール完了を知らせる画面に変わったら、［完了］をクリックしてください。

[*10] ダウンロードする時期によって、画面は異なることがあります。
[*11] ブラウザには［次へ］というボタンが表示されたままになるかもしれませんが、Adobe 社の広告に進むボタンなので、そのまま閉じてもかまいません。
[*12] 「Adobe AIR のアップデート」が表示されたときは、［アップデート］をクリックしてください。Adobe AIR が最新の状態に更新されます。また、「Adobe AIR は既にインストールされています」が表示された場合はインストールの必要はありません。［閉じる］をクリックしてください。

図 0.10 Adobe AIR のインストール手順

Scratch 2 オフラインエディターのインストール

　もう一度、Scratch 公式サイトのダウンロード画面（→図 0.4）に戻って、ご使用の Mac OS に対応する［ダウンロード］をクリックしてください。Scratch-447.dmg[*13]がダウンロードされます。ダウンロードが完了したらアイコンをダブルクリックしてディスクイメージを開き、Install Scratch 2.app をダブルクリックしてください。図 0.11 左下の画面で［開く］をクリックすると図 0.11 右の画面が現れるので、［続行］をクリックしてください。Scratch のインストールが始まります。インストールを完了すると、自動的に Scratch が起動します。

図 0.11 Scratch 2 オフラインエディターのインストール手順

[*13]　「Scratch-」の後に続く番号は、Scratch オフラインエディターのバージョン番号です。この番号はダウンロードする時期によって変わります。

インストールのときに図 0.12 のような画面が表示された場合は、システム環境設定の「セキュリティとプライバシー」を開いて、[すべてのアプリケーションを許可] を選択[*14] してください（→ 図 0.13）。Scratch をインストールして実行できるようになります。

図 0.12 セキュリティの警告画面

図 0.13 セキュリティの警告に対し、許可を与える

[*14] 「セキュリティとプライバシー」の変更は、ご自身の責任において行ってください。

4 日本語を表示する

　Scratch を起動したとき、図 0.14 のように英語の画面が表示された場合は、Scratch ロゴの右隣のボタン（🌐）をクリックして、表示されるリストの中から［日本語］[*15] を選択してください。言語を日本語に変更することができます。

図 0.14 言語を日本語にする

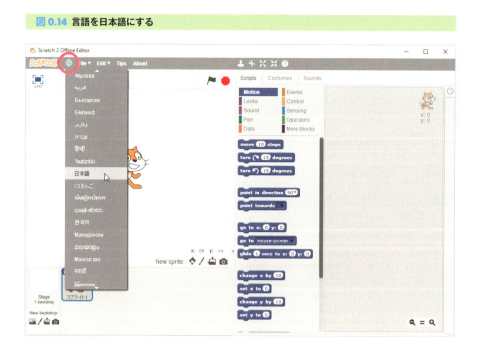

[*15]　［にほんご］を選ぶと、画面の文字が「ひらがな」主体で表示されるようになります。

第1章
プログラミングを始めよう

いま、世界各国がプログラミングに力を入れています。
　なぜプログラミングが必要なのか、プログラミングを勉強するとどんないいことがあるのか、それがわかればやる気も出ます。
　Scratch を使って最初のプログラムを作ってみましょう。

第1章 プログラミングを始めよう

1 いま、プログラミングが熱い！

　水泳、ピアノ、英会話。どれも子供に人気のお稽古事です。そこに近年、「プログラミング」が入ってきていることを知っていますか？ テレビや新聞などで、「子供向けプログラミング講座が大人気」というニュースを見たことがある人もいるでしょう。そう、いま世間ではプログラミングが注目されているのです。

　プログラミング講座が人気を集めているのは、義務教育でプログラミングが必修[*1]になったことも関係あるのかもしれませんが、そもそもなぜプログラミングが義務教育になったのでしょう？ 海を渡ったアメリカでは大統領が「コンピュータサイエンスをすべての人に学んでほしい」とスピーチ[*2]したり、いまやプログラミングを含むコンピュータ技術は、各国が力を入れている分野です。なぜだと思いますか？ 理由は簡単。いまの私たちの生活は、コンピュータ技術に支えられているからです。そしてこれから先の生活も、コンピュータの技術なくして成り立たないからです。でも——

　「コンピュータを使うだけなら、プログラミングができなくてもかまわないんじゃない？」そう思いませんか？

　確かに義務教育も含めて膨大な時間をかけて勉強した英語も、全員が思いのままに話せるわけではありません。それどころか、まったく英語ができなくても日常生活で困ることはありませんね。でも、心のどこかで英語はできないよりもできた方がいいと思っていませんか？ プログラミングも同じです。できないよりも、できた方がいいんです。

[*1] 2012年から中学校の技術家庭科でプログラミングが必修になりました。
[*2] 2013年12月9日に始まったコンピュータサイエンス教育週間（*Computer Science Education Week*: CSEdWeek）でのスピーチです。

2 ところで「プログラム」ってどんなもの?

　ここまで何気なく使ってきた「プログラミング」という言葉。もちろん「プログラムを作ること」なのですが、では「プログラム」とは何か知っていますか? 簡単に言えば、**プログラムはコンピュータやスマートフォンに対する指示書**です。

　なんでもできる魔法の機械のように思われがちなコンピュータやスマートフォンですが、実際には指示書がなければ何もできません。たとえば「それ、ちょっと動かして」と言われたとき、私たち人間は

　　この人はいま、テーブルの上の料理の写真を撮っている
　　お皿の近くにはテレビのリモコンがある
　　そのリモコンが一緒に写ってしまうようだ

というように考えて、リモコンを邪魔にならない位置に動かすことができます。ところが、**コンピュータは考えることができません**。そのため「それ、ちょっと動かして」と言われても、「それ」が何を指しているのか、「ちょっと」がどのくらいの量なのかがわからずに、まったく動くことができないのです。

　では、どのように命令すれば動いてくれるのか? 実は**コンピュータは曖昧な表現や、2つのことを同時に命令されるのが苦手**です。ですから、「それ、ちょっと動かして」という命令は

　　❶テーブルの上にテレビのリモコンがある
　　❷そのリモコンを持ち上げなさい
　　❸今の位置から右方向に80cm動かしなさい
　　❹リモコンをテーブルの上に置きなさい

というようにすればコンピュータにもちゃんと伝わります。この1つ1つの命令をプログラミング言語に翻訳したものがプログラムです。

3 プログラミングを勉強するメリット

　コンピュータに「それ、ちょっと動かして」と伝えるだけなのに、4つも命令が必要だなんて驚きましたか？　この命令を作るとき、頭の中では

「それ」とは？　→　テレビのリモコン
「ちょっと動かして」とは？　→　位置を変える動作
何のために？　→　料理の撮影の邪魔にならないようにするために
どこなら邪魔にならなさそう？　→　料理の右側 80cm ほど離れた位置
テーブルに置いたまま動かすとどうなる？　→　料理にぶつかる
ぶつからないように動かすには？　→　リモコンを持ち上げる
最後、リモコンはどうする？　→　テーブルに戻す

と、無意識にこれだけのことを考えていたのです。あらためて文字にしてみると、ずいぶんたくさんのことを考えていたと思いませんか？
　実は、**プログラミングの大半は「考える」作業**です。「何をするためのプログラムなのか」を考えて、「そのために何が必要で、どんなことをすればいいか」を考えて。何度も考えることを繰り返しているうちに、いつの間にか**問題を解決する力**や「**物事を整理する力**」、「**筋道を立てて考える力**」が身に付くと聞いたら、ちょっと興味がわいてきませんか？

　「友達と9時に待ち合わせをしていたのに、目が覚めたら8時半？！　急いで着替えてテーブルの上のものをつかんで駅まで走ったら、コンタクトレンズを入れ忘れて何にも見えない！」という経験ありませんか？　3つのチカラが身に付くと、

しまった、寝坊した！
待ち合わせの時間まで、あと 30 分。

ここから駅まで走って5分、電車に乗って待ち合わせ場所まで20分。
顔を洗って、コンタクトレンズを入れて、着替えて……朝ごはん抜きは決定！
5分で準備して出発して……でも、電車が時間どおりに来るとは限らないぞ？
ダメだ、やっぱり9時には間に合わない！
どれくらい余裕を見たらいいだろう？
10分……いや、15分。
友達に待ち合わせの時間を9時15分に変更してもらおう！

このように考えて、真っ先に一番大切なこと、この場合は「友達に電話をかける」ことができるようになります。思考の流れを整理してみると、

❶「待ち合わせ場所に遅刻しそう」という問題について、
❷ 今の自分の状況と、自分がやらなければならないこと、これから起こりうることを整理し、
❸ どういう順番で何をすべきか、答えを導く

というようになります。なんだか重要なミッションをこなした気分になりますね。

　3つのチカラがあれば、普段の生活の中で問題にぶつかったときに「何が問題なのか」、「問題の本質はどこか」を真っ先に考えるようになります。そして問題を整理することによって、「何をすべきか」が見えるようになります。それを実現するために「何が必要で、どの順番で処理すればよいか」がわかれば、問題は解決できる！——いま世界中でプログラミングに力を入れている理由が、なんとなく見えてきたでしょう？

4 プログラムは誰にでも作れるんです

　理数系は大の苦手。工学系の大学で勉強したわけじゃないし、いまから専門学校に通うつもりもない。だから私にプログラミングは無理——世の中には同じようなことを考えている人がたくさんいます。最初からあきらめモードになっているのは、もしかしたら「プログラムを書く」ことが原因ではありませんか？

　確かに本格的なプログラムは**プログラミング言語**という、日本語でも英語でもない特殊な言語で書かなければなりません。その言語を習得するには勉強も必要です。でも、ちょっと待ってください。プログラミングの大半は「考える」作業のはずでしょう？

> コンピュータにしてほしいことを考えて、
> それがどのような仕組みなのかを考えて、
> どうすれば実現できるかを考えて、
> そのためには何が必要かを考えて、
> どんなことをすればよいかを考えて……

もちろん数学やプログラミング言語の知識があれば役立つこともありますが、**日本語で指示書を作るだけなら専門的な知識がなくても大丈夫**です。

> 一通り考えたことを「ここまで言わなきゃわからないの?!」というレベルにまで小さく小さくかみ砕いて、1つずつ正確に書き出すこと

これができたらプログラムを作ったのとほぼ同じです。あとはそれを機械的にプログラミング言語に翻訳すればよいのですから。

　「だから、それが難しいと言っている！」と怒らないでくださいね。確かに、日本語でも英語でもない、コンピュータに伝えるための言語を習得するには、少しだけ努力が必要です。でも——本格的なプログラミング言語を勉強する前に、プログラミングってどんなものか試してみたくありませんか？

Scratchから始めてみよう!

　プログラミングを学習するうえで一番大切なことは、**考えたことをプログラムに翻訳して動きを確認する**ことです。そして**プログラムが思いどおりに動いたら喜んで、動かなかったらその原因を追究する**。これを繰り返すことで、プログラミングは必ず習得することができます。それなのにプログラミング言語という壁にはばまれて先に進めなかったら何も始まりませんね。

　みなさんには、とにかくプログラミングの楽しさを知ってほしいのです。そこで今回は **Scratch** というツール[*3] を使うことにしました（→図1.1）。

図1.1 Scratchの画面

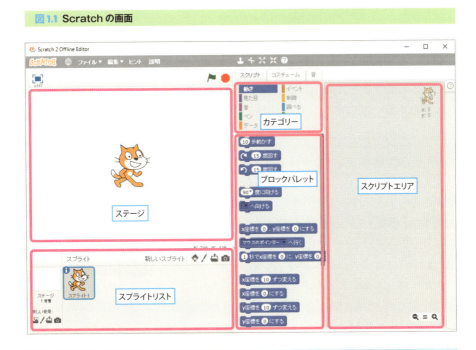

[*3] 「道具」という意味です。コンピュータの世界では、ソフトウェアやソフトウェアが持つ便利な機能を指すときにこの言葉が使われます。

この画面には `10 歩動かす` や `15 度回す` など、日本語で書かれた小さなブロックがあるだけで、みなさんが想像するような難しい言葉はどこにもありません。Scratch は、この**ブロックを組み合わせるだけでプログラムが作れてしまう**という、とても素晴らしいツールなのです。

画面のかわいらしさだけを見て、「なんだ、子供用か」なんて言わないでくださいね。コンピュータにしてほしいことを考えて日本語の指示書を作る練習に、Scratch はピッタリのツールなのです。ためしに「それ、ちょっと動かして」をプログラムにしてみましょう。日本語の指示書は

❶テーブルの上にテレビのリモコンがある
❷そのリモコンを持ち上げなさい
❸今の位置から右方向に 80cm 動かしなさい
❹リモコンをテーブルの上に置きなさい

でしたね。今回は「リモコン」の代わりに、ステージ上のネコに動いてもらいましょう。ネコが主役になるのですから、❶の命令は必要ありません。また、「持ち上げる」は「ジャンプ」に、「置く」は「着地」に変えましょう。ネコを主役にすると、指示書は次のようになります（→図 1.2）。

❶ジャンプする
❷今の位置から右方向に 80cm 移動する
❸着地する

さて、画面上のネコをジャンプさせるにはどうすればいいと思いますか？　ここで中学校の数学で習った座標系の登場です。横軸が x、縦軸が y、2 つの軸の交点が座標の原点 (0, 0) でしたね。これを使えばジャンプと着地は y 座標の値を変更することでクリアできそうです。Scratch ではステージの中央が原点で、x 軸は右向き、y 軸は上向きが正方向です（→図 1.3）。

では、指示書に従ってプログラミングしましょう。最初の命令は「ジャンプする」です。ブロックパレットの［動き］カテゴリーから `y座標を 0 にする` をつかんでスクリプトエリアまでドラッグし、マウスボタンを放したら「0」を「50」に変更[*4]してください。「50」はジャンプの高さです。

[*4]　値は半角で入力してください。

5 Scratchから始めてみよう！

図1.2 ネコの動きをイメージする

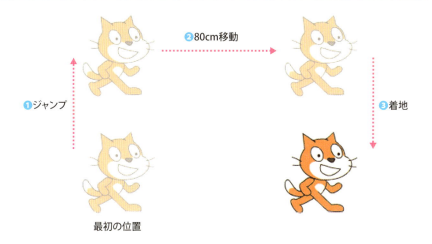

図1.3 Scratchの座標系

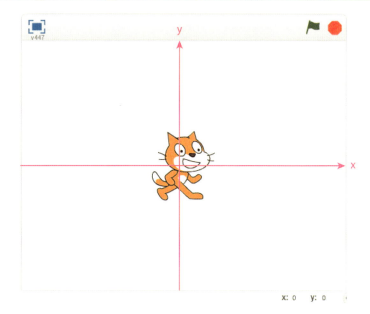

第1章 プログラミングを始めよう

　次は「今の位置から右方向に80cm移動する」です。ネコには画面の上を80歩動いてもらいましょう。ブロックパレットから `10 歩動かす` をドラッグして、スクリプトエリア上の `y座標を 50 にする` に下から近づけると白い線が表示されます。その状態でマウスボタンを放すと、2つのブロックが合体します（⮕図1.4）。「10」を「80」に変更してください。指示書には「**右方向に**」とありますが、Scratchではネコが向いている方向に動くので `80 歩動かす` だけで大丈夫です。

図1.4 ブロックの操作の仕方

　最後は「**着地する**」です。ブロックパレットから `y座標を 0 にする` をつかんで、`80 歩動かす` の下に追加してください。これでプログラムは完成です（⮕図1.5）。「ただブロックを並べただけなのに？」と思うでしょう？

図1.5 Scratchのプログラム（⮕list1-1.sb2）

　さっそく動かしてみましょう。作ったプログラム——スクリプトエリアに配置したブロックの固まりのことですよ——をクリックしてください。ほら、ネコが動いたでしょう？

右にシュッと動いただけで、ジャンプしなかった？　それで正解です。コンピュータは与えられた命令を一瞬で処理してしまうため、本当はジャンプしているのに私たちにはそれが見えていないのです。では、1つずつ動きを確認するにはどうすればいいと思いますか？

　いろいろ方法はありますが、今回は［制御］カテゴリーの中にある [1秒待つ] という命令を使ってみましょう。[y座標を 50 にする] と [80 歩動かす] の下に、それぞれ [1秒待つ] を追加してください（→図1.6）。ブロックの固まりをクリックしてプログラムを実行する前に、何が起こるか考えてみてくださいね。

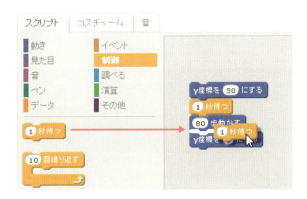

図1.6　ブロックの間に［1秒待つ］を追加

　想像していたとおりに動きましたか？　Scratchは、すべての命令が日本語で表現されています。また、[10 歩動かす] や [y座標を 0 にする] は［動き］、[1秒待つ] は［制御］のように、命令がカテゴリー別にまとめられているので、やりたいことを見つけるのも簡単です。さらにプログラムを書く作業は、画面上でブロックをつなげるだけです。キーボードから難しい命令を入力する必要もありません。そのうえ、作ったプログラムをすぐに動かして動作を確認できるなんて便利でしょう？

　Scratchを使えば、誰でも簡単にプログラムを作ることができます。理数系が苦手でも、これならできそうでしょう？　Scratchで楽しくプログラミングしながら、「プログラムの書き方」や「プログラムの考え方」を身に付けましょう。この2つはすべてのプログラミング言語に共通する、いわばプログラミングの基礎の基礎です。

Column 実現方法はいろいろある!

ネコがジャンプする様子を確認する方法は `1秒待つ` だけではありません。「ジャンプして右に移動、そして着地」をネコの表示位置、つまり座標で表すと (0, 50) → (80, 50) → (80, 0) になりますね（→図1.7）。[動き]カテゴリーの中に `1秒でx座標を 0 に、y座標を 0 に変える` という命令があるので、これを 3 つつなげて

`1秒でx座標を 0 に、y座標を 50 に変える`
`1秒でx座標を 80 に、y座標を 50 に変える`
`1秒でx座標を 80 に、y座標を 0 に変える`

というプログラムを作って実行してみましょう。先ほどよりもゆっくりとネコが動くはずです[*5]。

図 1.7 ネコの位置を座標で表した様子

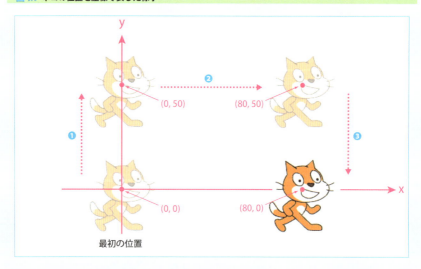

コンピュータにしてほしいことを、どう実現するか。方法は 1 つではありません。また、どれが正解で、どれが間違いということもありません。いろいろ試して、たくさん経験を積んでいきましょう。プログラミングの習得には、経験することが一番です。

[*5] もし、ネコが後ろに進んだりした場合（画面から消えてしまっている場合も）は、ブロックパレットの［x 座標を 0、y 座標を 0 にする］をクリックして、ステージの中央にネコを移動してからプログラムを実行してください（→p.40「どんな命令か確認する」）。

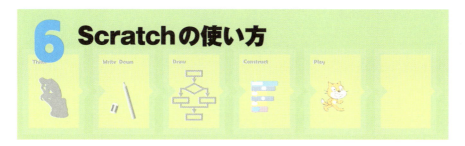

Scratchで作ったはじめてのプログラム。いかがでしたか？ これからたくさんのプログラムを作る前に、Scratchの使い方を確認しておきましょう。

6.1 Scratchの画面

Scratchを起動すると、次ページ図1.8の画面[*6]が表示されます。左上の画面にいるネコは、プログラムの主人公です。ネコ以外の動物や人、乗り物など、ほかのキャラクターを主人公にすることもできます。Scratchではこれを**スプライト**[*7]と呼んでいます。このScratchを使って私たちがすることは

　ブロックを組み合わせて、スプライトの動作をプログラムする

これだけです。

では、画面中の各エリアを見ていきましょう。

ブロック、ブロックパレット、カテゴリー

`10 歩動かす`や`15 度回す`など、Scratchに用意されている命令を**ブロック**と呼びます。ブロックは次ページ表1.1のように分類されていて、最初は［動き］に関連する命令がブロックパレットに表示されています。他のブロックを使うときは、カテゴリーをクリックしてください。

[*6] この章のはじめに載せたものと同じ画面です。
[*7] 「妖精」という意味ですが、コンピュータの世界では画面上のキャラクターを高速に描画する仕組みを指して、この言葉を使います。

図1.8 Scratchの画面

表1.1 ブロックのカテゴリー

カテゴリー	内容
動き	スプライトの動きに関連する命令
見た目	色や大きさなど、スプライトの見た目に関連する命令
音	音を鳴らす命令
ペン	描画用の命令
データ	プログラムで使う値（変数やリスト）に関する命令
イベント	プログラムを動かすきっかけを作る命令
制御	プログラムの流れを制御する命令
調べる	座標や色、距離を調べる命令
演算	値の比較や計算に関する命令
その他	独自のブロックを作る命令

スクリプトエリア[*8]

プログラムを編集する領域です。ブロックの並べ方や変更方法などは、次の項で詳しく説明します。

[*8] コンピュータの世界では、作ってすぐに動かせるプログラムのことを「スクリプト」と言います。日本語では「台本」という意味です。つまり、スクリプトエリアはステージ上のネコが演じるための台本（プログラム）を編集する領域です。

ステージ

プログラムの動作を確認する領域です。ステージの広さは 480 ピクセル × 360 ピクセル、座標の原点 (0, 0) はステージの中心で、x 軸は左から右、y 軸は下から上が正方向です。画面左上のボタン（■）をクリックすると、ステージを画面いっぱいに表示することができます。

なお、**ピクセル**は画面を構成する最小単位で、10歩動かす という命令は「10 ピクセル動かす」という意味になります。

スプライトリスト

ステージにはネコ以外のスプライト（キャラクター）を登場させることも可能です。その場合は、この領域で追加[*9]します。また、ⓘ ボタンをクリックすると、スクリプトの向きやステージ上の位置などを確認することができます（➡ 図1.9）。

図 1.9　スプライトの情報を確認する

ヘルプボタン

右端の ❓ ボタンをクリックすると、Scratch の使い方やサンプルが英語で表示されます。ブロックの使い方がわからないときは、辞書を片手にヘルプを読んでみましょう。

[*9]　スプライトを追加する方法は、第 7 章「3：複数のスプライトを利用しよう」で説明します。

6.2 プログラムを編集する

Scratchでプログラムを作る方法はとても簡単で、

ブロックパレットから目的のブロックを選択して、スクリプトエリア上にドラッグする

たったこれだけです。

値を変更する

ブロックの中には、図1.10のように値を変更できるものがあります。次のいずれかの方法で変更してください。円形の個所には数値、四角形の個所には文字を入力することができます。なお、**数値をキー入力するときは、必ず半角で入力**[*10]してください。

- 値をキー入力する（図1.10 左）
- ブロックを挿入する（図1.10 中央）
- リストから選ぶ（図1.10 右）

図1.10 値を変更する方法

どんな命令か確認する

ブロックパレット上の「10歩動かす」をクリックしてみてください。ステージ上のスプライトが動きましたね（→図1.11）。ブロックパレット上で「10」を「50」に変更してから実行すると、先ほどよりも大きく動きます。その命令を実行することで何が起こるか、すぐに確認できるのもScratchのいいところです。

[*10] 詳しくは、第3章「4.1：「110」と「１１０」の違い」を参照してください。

図 1.11 ブロックパレットで動作を確認する

10歩動く

「何度も動かしているうちに、ネコがステージから消えてしまった！」というときは、[動き] カテゴリーの中の x座標を 0、y座標を 0 にする [*11] をクリックしてみましょう。ステージの中央にネコが戻ってきます[*12]。

ブロックを合体する

スクリプトエリア上のブロックの近くに別のブロックを近づけると、ブロックを追加できる位置に白線または白枠が表示されます[*13]（→ 図 1.12）。この状態でマウスボタンを放すと、ブロックが合体します。合体したブロックは、上から順番に実行されます（→ 次ページ図 1.13）。

図 1.12 ブロックを合体する

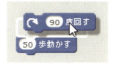

[*11] ブロックパレット上のブロック内の数値は、ステージの状態やそれまでに実行した命令によって変化します。もしも [x 座標を 0、y 座標を 0 にする] の数値が違う値になっていた場合は、それぞれに「0」を入力してからブロックをクリックしてください。

[*12] マウスを使ってステージ上のネコをドラッグして移動することもできます。

[*13] 言い換えると、白線や白枠が表示されていないとき、ブロックは合体しないということです。

図1.13 合体した命令の実行順序（上から下へ実行）

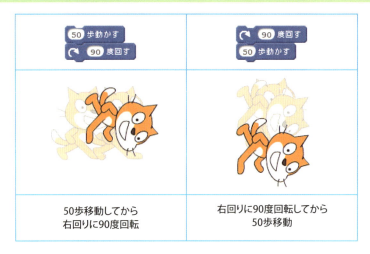

プログラムを編集する

　スクリプトエリア上のブロックは順番を入れ替えたり、削除したりすることができます。ブロックを移動するときは左ボタンを押したままドラッグ、複製または削除[*14]をするときは右ボタンをクリックして［複製］または［削除］を選択してください。また、Scratchのメニューバーにあるスタンプボタン（ ）やハサミボタン（ ）をクリックすると、マウスポインターの形状が変わります（⇨図1.14）。この状態でブロックをクリックしても、同様に複製または削除することができます。

　なお、移動や複製、削除は、クリックしたブロック以降のすべてのブロックが対象になります（⇨図1.15）。プログラムの一部だけを移動、複製または削除したいときは、下から順番にブロックを分解してから行ってください（⇨図1.16）。

---

*14　スクリプトエリアからブロックパレット上にドラッグしても、ブロックを削除することができます。

図 1.14 スタンプボタンをクリックすると、複製モードになる

図 1.15 移動、複製、削除の対象になるブロック

図 1.16 途中のブロックを削除するとき

6.3 プログラムを実行する

作ったプログラムを実行する方法は2つあります。1つは、スクリプトエリア上のブロックをクリックする方法です。実行中のプログラムは、黄色い枠で囲まれます（→図1.17）。

図 1.17 ブロックをクリックして実行（黄色い枠で囲まれる）

もう1つの方法は、ステージの右上にある緑色の旗（スタートボタン）を利用する方法です。ただし、このボタンを利用するにはプログラムの先頭に というブロックが必要です（→図1.18）。このブロックは［イベント］カテゴリーの中にあります。

図 1.18 スタートボタンとストップボタン

6 Scratchの使い方

さっそくステージ右上のスタートボタン（🏳）をクリックしてみましょう。プログラムが動きましたね。隣の赤いボタン（ストップボタン）（🔴）をクリックすると、プログラムを停止することができます。

なお、スクリプトエリアには、図1.19のように複数のプログラムを作ることができます。この状態でスタートボタンをクリックすると、左側のプログラムだけが実行されます。右側のプログラムを実行するときは、スクリプトエリア上のプログラムをクリックしてください。

図 1.19 スクリプトエリアには複数のプログラムを作ることができる

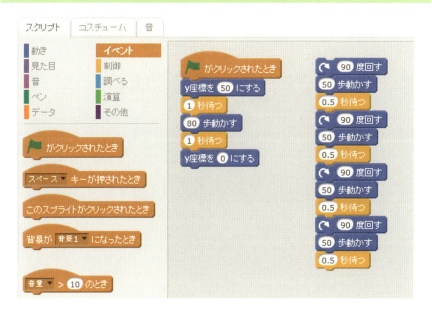

Column ▶がクリックされたとき を使うときに注意すること

　図1.20の状態でスタートボタンをクリックすると2つのプログラムが同時に動き出すのですが、これは間違った使い方です。対象になるスプライト（この場合はネコ）が1つしかないのに2つの仕事を同時にさせたら、何をしているのかわからなくなるでしょう？[*15]
　▶がクリックされたとき を使うのは、「1つのスプライトにつき1つのプログラム」が基本です。

図1.20 ［（スタートボタン）がクリックされたとき］が複数ある状態

6.4 プログラムを保存する/開く

　［ファイル］-［保存］メニューを選択し、表示されるダイアログボックスで保存先のフォルダーとファイル名を指定して［保存］ボタンをクリックしてください（→図1.21）。

[*15] 図1.20のようにプログラムを作って、実際に試してみましょう（付属CD-ROMには、list1-column.sb2 という名前で収録しています）。何事も経験することが大切です。

また、[ファイル] - [開く] メニューを実行すると、いつでもそのファイルを開くことができます。

図 1.21 プログラムの保存の仕方

第1章で学んだこと

○ プログラムとは、コンピュータやスマートフォンに対する指示書
○ プログラミングを勉強すると、3つのチカラが身に着く
　・問題を解決するチカラ
　・物事を整理するチカラ
　・筋道を立てて考えるチカラ
○ 3つのチカラがあると、日常生活で何か問題が起こったときにも冷静に対処できる
○ Scratchの使い方

第 **2** 章
プログラムの流れを理解しよう

簡単なプログラムを作りながら、命令が実行される順番を確認しましょう。
　基本は**上から下へ順番に**ですが、**状況に応じて違う命令を実行**したり、**同じ命令を何度も繰り返して実行**したりすることもできます。

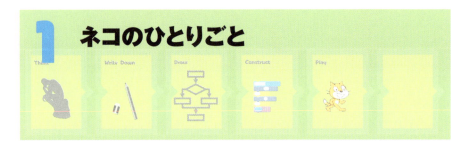

1 ネコのひとりごと

　まずは基本になるプログラムを作りましょう。タイトルは「ネコのひとりごと」です。残念ながら発音することはできませんが、画面に吹き出しを表示することで、ネコが話しているように見せるプログラムです。ためしに［見た目］カテゴリーの Hello! と 2 秒言う をブロックパレット上でクリックしてみてください。ネコが「Hello!」と言った後、2 秒後に吹き出しが消えたでしょう？（→図 2.1 左）同じように Hmm... と 2 秒考える[*1]をクリックしてみてください。吹き出しの形が変わっただけですが、ちゃんと考えているように見えますね（→図 2.1 右）。

図 2.1 ［Hello! と 2 秒言う］と ［Hmm... と 2 秒考える］

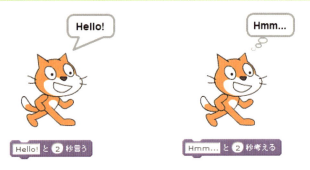

　これらの命令を使って、リスト 2.1 のプログラムを作ってください[*2]。ブロックの色は、カテゴリーを表しています。たとえば紫色のブロックは［見た目］、青色は［動き］、黄色は［制御］に分類されています。

---

*1 「Hmm」は日本語で「うーん」という意味です。
*2 プログラミングの世界では、プログラムをファイルや紙に出力したものを「リスト」と言うので覚えておきましょう。

1 ネコのひとりごと

リスト2.1 ネコがひとりごとを言っているように見えるプログラム （list2-1.sb2）

```
3+7は? と 1 秒言う
Hmm... と 2 秒考える
y座標を 50 にする
0.2 秒待つ
y座標を 0 にする
0.2 秒待つ
10! と言う
```

　プログラムができたら「さあ、実行！」と言いたいところですが、その前にどのような動きになるか想像してください。最初の2つの命令は確認済みですね。3番目から6番目までは、第1章でやったこととほぼ同じです。プログラムの動作を予想したら、実行してみましょう（図2.2）。予想どおりに動きましたか？

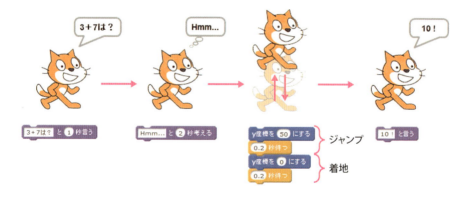

図2.2 リスト2.1の実行イメージ

　ステージ上のネコは、スクリプトエリアに並べたブロックの順番に動きましたね。ためしにブロックの順番を入れ替えて実行してみてください。「ネコのひとりごと」というタイトルから見ればおかしな動きかもしれませんが、ちゃんと上のブロックから順番に実行しているはずです。

　すべてのプログラムに共通することですが、**プログラムに書いた命令は上から順番に実行**が基本です。プログラミングの世界では、これを**順次実行**と言います。

第2章 プログラムの流れを理解しよう

2 ネコと会話する

　スマートフォンのロックを解除するとき、みなさんはどのようにしていますか？　指紋認証？　それともパスコード？　セキュリティ設定をしている人なら、何かしらの方法でスマートフォンに認証してもらうでしょう？　そのときスマートフォンは、私たちが指紋かパスコードを入力するまで、次の処理をせずに待ち状態になっています。これと同じようなことが、ネコにもできるのです。

　ブロックパレット上で［調べる］カテゴリーの What's your name? と聞いて待つ をクリックしてみてください。ネコが「What's your name?」と言った状態で止まっています[*3]ね。ステージ下には、キー入力できる領域が表示されました（→図2.3）。ここに何か値を入力してリターンキーを押すと入力欄が消えて、What's your name? と聞いて待つ の仕事は完了です。もちろん、入力した値はちゃんと 答え に入っているので安心してください。ブロックパレットで 答え をクリックして確認してみましょう（→図2.4）。

　この命令を使って、今度はネコが出した計算問題にあなたが答えてみましょう。図2.5は実行時のイメージです。「3＋7は？」とネコが聞いたところでキー入力を待ってください。値が入力されたらピョンとジャンプし、着地してから答えを言うようにしましょう。図2.5を見ながら、どのような順番でどんな命令を実行すればいいか考えてみてくださいね。プログラムは、p.54のリスト2.2のようになります。

[*3]　ブロックが黄色で囲まれている状態は、命令が実行中であることを表しています。

2 ネコと会話する

図 2.3 ［What's your name? と聞いて待つ］をクリック

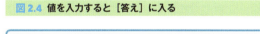

図 2.4 値を入力すると［答え］に入る

値を入力してリターンキーを押す

図 2.5 計算問題に答えるプログラムの実行イメージ

値が入力されるのを待つ　　ジャンプして着地　　ここに答えを表示

第2章 プログラムの流れを理解しよう

リスト2.2 計算問題に答えるプログラム（list2-2.sb2）

```
3 + 7は? と聞いて待つ
y座標を 50 にする
0.2 秒待つ
y座標を 0 にする
0.2 秒待つ
答え と言う
```

　一番最後のブロックは［見た目］カテゴリーの Hello! と言う を使うのですが、これまでとは少し違うことに気が付いたでしょうか。「Hello!」の代わりにキーボードから「答え」と入力して実行すると、ネコは「答え」と言ってしまいます（→図2.6）。しかし、ネコに言ってほしいのはキーボードから入力した値のはずです。

図2.6 このままだと「答え」と言ってしまう

　What's your name? と聞いて待つ を実行したとき、キー入力された値は［調べる］カテゴリーの 答え に入っていました。ということは、「Hello!」の代わりに 答え ブロックにすればよさそうですね。ブロックパレットで 答え を選択し、スクリプトエリア上の Hello! と言う に近づけてください。白枠が表示されたところでマウスのボタンを放すと、2つのブロックが合体します（→図2.7）。これで命令は完成です。

図 2.7 「Hello!」の代わりに［答え］を使う

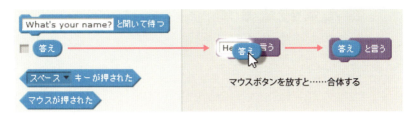

　それではプログラムを実行してみましょう。あなたが入力した値をネコが言ってくれましたか？ 答え のように、プログラムの中で使う値を入れておく入れ物をプログラミングの世界では**変数**と言います。変数はプログラムを作るうえでとても重要なので、第 3 章であらためて説明します。

3 答えを判定する

　スマートフォンのロックを解除するときに、パスコードを間違えると再入力を促されますね。このときスマートフォンの内部では

ロック解除の指令がきた！
パスコードが入力されるまで、次の命令を実行せずに待つ
入力されたパスコードを確認する
もし正しいなら、ロックを解除する
そうでなければ、もう一度パスコードの入力を待つ

というような処理が行われています。ポイントは最後の2行、「**もし正しいなら**」と「**そうでなければ**」の部分です。入力されたパスコードが正しいときと間違っているときとで、次に実行する命令が違いますね（➡図 2.8）[*4]。このような処理を、プログラミングの世界では**条件判断**と言います。

図 2.8 スマートフォンのロック解除の処理の流れ

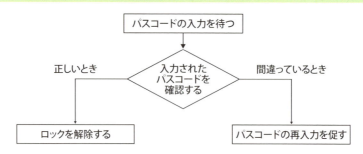

[*4] パスコードが間違っているとき、本当は「パスコードが入力されるまで、次の命令を実行せずに待つ」に戻るのが正しい処理です。このプログラムは第5章「2.3：パスコード認証にチャレンジ」を参照してください。

3 答えを判定する

　Scratchで条件判断を行うには、［制御］カテゴリーの ![もし　なら／でなければ] を使います。ブロックの間に別のブロックを挿入できるようになっている点が、これまでのブロックとは大きく違いますね（→図2.9）。カタカナの「ヨ」を逆向きにしたような形にはちゃんと意味があって、**プログラムの実行時にはそれぞれの間にはさんだ命令だけが実行される**ようになっています。たとえば図2.9であれば、もしも○○のときは [Hello!と言う] だけを実行して、その次の [Hmm...と考える] は実行しません。

図 2.9 ［もし　なら、でなければ］で次の処理を変える

　さて、問題は [もし　なら] の ◯ の部分です。スマートフォンのロック解除であれば、「入力されたパスコードが正しければ」なのですが、正しいかどうかを判定するにはどうすればいいと思いますか？　これはスマートフォンに登録されているパスコードと、入力されたパスコードが**等しいかどうか**を比べてみればわかりますね。

　それでは先ほどのプログラムを改良して、キー入力した答えが正しいときは「**正解！**」、間違っているときは「**ハズレ！**」とネコに言ってもらいましょう。図2.10の実行イメージを見ながら、どのような順番で命令を実行すればいいか考えてみてください。

図 2.10 キー入力された答えを判断するプログラムの実行イメージ

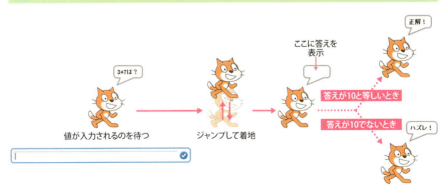

ネコが出題する計算は「3 + 7」ですから、答えは「10」です。つまり、キー入力された値が 10 と等しければ正解、それ以外であれば間違いです。もう少し詳しく書くと

> もし 答え が 10 と等しいなら「正解！」と言う、でなければ「ハズレ！」と言う

ですね。「答えが 10 と等しい」かどうかは［演算］カテゴリーの ＝ で調べることができるので、これを もし〜でなければ と組み合わせて使いましょう。プログラムは、リスト 2.3 のようになります。なお、キー入力した値を確認した後、少し間を置いてから判定するために、答えを表示する命令には Hello! と 2 秒言う を使いました。

リスト 2.3 キー入力された答えを判断するプログラム（list2-3.sb2）

```
3 + 7は？ と聞いて待つ
y座標を 50 にする
0.2 秒待つ
y座標を 0 にする
0.2 秒待つ
答え と 1 秒言う
もし 答え = 10 なら
    正解！ と言う
でなければ
    ハズレ！ と言う
```

それではプログラムを実行してみましょう。入力した値に応じて「正解！」と「ハズレ！」が正しく表示されましたか？ 両方表示された、または両方とも表示されなかったという人は、プログラムのどこかに間違いがあります。もう一度、プログラム全体を確認してください。

「ちゃんと 10 を入力したのにハズレになった！」という人は、答えを全角で入

力*5 した可能性があります。もう一度プログラムを実行して、半角で「10」と入力してみてください。これで「正解！」が表示されるはずです。

*5 コンピュータの世界では、数字やアルファベット、記号、カタカナの全角と半角をきちんと区別することを覚えておきましょう。

第2章 プログラムの流れを理解しよう

4 正解のときだけジャンプする

前の項で見たように <もし〜なら/でなければ> を利用すると、<六角形> に記述した条件を満たすときと満たしていないときとで、別々の処理を行うようにプログラムを作ることができます。もちろん <もし〜なら> と <でなければ> の間には複数のブロックを挿入することができますが、この場合も命令の実行順序は「上から下へ順番に」が基本です。

リスト 2.4 は、リスト 2.3 とまったく同じブロックを使用して順番を入れ替えたものです。これを実行すると、どのような動作になると思いますか？ 実行する前に予想してみてください。

リスト 2.4 リスト 2.3 の順番を入れ替えたプログラム（●list2-4.sb2）

```
3+7は？ と聞いて待つ
答え と 1 秒言う
もし 答え = 10 なら
    y座標を 50 にする
    0.2 秒待つ
    y座標を 0 にする
    0.2 秒待つ
    正解！ と言う
でなければ
    ハズレ！ と言う
```

リスト 2.4 を実行すると、キー入力した直後にジャンプしていたネコが、答えが正しいときだけジャンプして「正解！」と言うようになりました（● 図 2.11）。

4 正解のときだけジャンプする

ちゃんと上から順番に命令を実行していますね。

図 2.11 リスト 2.4 の実行イメージ

61

5 何度もジャンプさせるには?

　を使うことで、答えが正しいときだけネコをジャンプさせることができました。でも1回だけではちょっとさみしいですね。3回くらい跳ねてくれると、ネコも喜んでいるように見えそうです。やってみましょう（⇒リスト2.5）。

リスト2.5 ジャンプの回数を増やしたプログラム（list2-5.sb2）

「この部分を複製して……、できあがり！」と言いたいところですが、ちょっと待ってください。今回はジャンプの回数が少なかったので

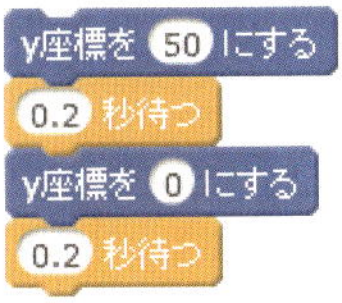

の部分を3回複製するだけでプログラムが完成しましたが、これが10回だったらどうでしょう？　50回だったら、間違いなく複製できたと思いますか？　第一、その前に画面からはみ出してしまいますね。

同じ処理を何度も繰り返すときは、［制御］カテゴリーの 10 回繰り返す を使うのが正しい方法です。もし なら でなければ と同じように、このブロックも間に他のブロックを挿入できるようになっています。また、ブロックの下側の区切りには上へ戻るような形の矢印（↰）が描かれていることに気が付きましたか？　矢印の意味は、「**このブロックの先頭に戻る**」です。つまり 10 回繰り返す は、**ブロックの間にはさんだ命令を指定した回数（この場合は10回）繰り返して実行する**という命令です。ためしに図2.12のように 10 歩動かす をはさんで実行してみてください。10歩×10回で、ネコが100歩動きます。

図2.12 10歩を10回繰り返す

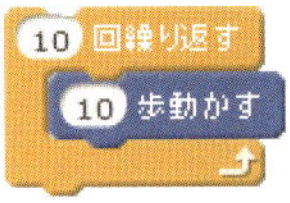

10 回繰り返す を使うと、正解のときだけ3回ジャンプするプログラムは次ページのリスト2.6のようになります。リスト2.5と比べてどうですか？　ジャンプの回数もすぐにわかるし、同じブロックを何度もつなげる必要もないので、全体的に読みやすくなったと思いませんか？　また、ジャンプの回数も簡単に変更できます。これなら10回でも50回でも、好きなだけジャンプさせることができますね。

リスト2.6 正解のときだけ3回ジャンプするプログラム（list2-6.sb2）

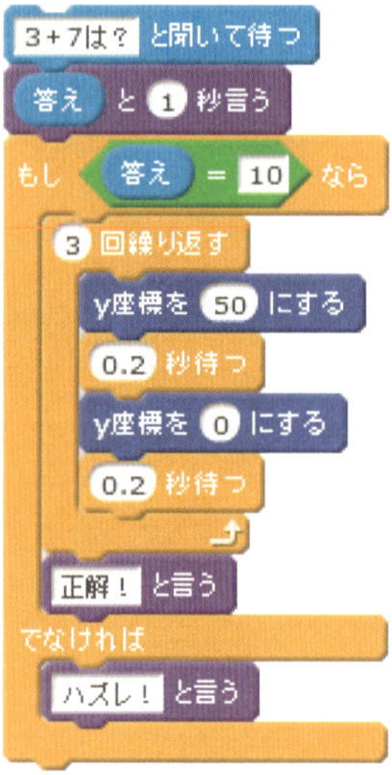

このように同じ処理を何度も繰り返すことを、プログラミングの世界では**繰り返し処理**や**ループ処理**と言います。ループは loop、日本語では「輪」という意味です。命令の実行順序を追いかけていくと、繰り返している部分が輪のように見えるところから、この呼び名が付いています（→図2.13）。

図2.13 繰り返し処理の部分は輪のように見える

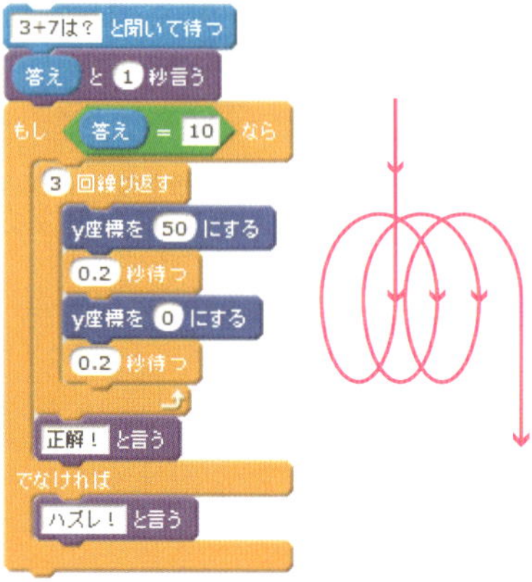

6 答えが間違っているときの動きを作ってみよう

ここまでで、ずいぶんネコと友達になった気がしませんか？ 最後はちょっとしたおまけです。［動き］カテゴリーの 回転方法を 左右のみ にする [*6] と 90 度に向ける を利用すると、図2.14右下のようにネコの向きを変えることができます。角度はネコの顔の向きを表していて、0度が画面の上方向、90度は右方向、左方向は−90度です。これを使って、答えが間違っているときは左右に向きを変えてみましょう。これだけで「違う違う！」とジェスチャーしているように見えますよ。

図2.14「違う違う！」のジェスチャーを加えたプログラムの実行イメージ

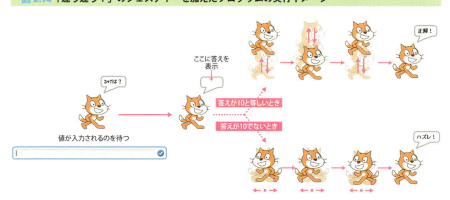

[*6] ネコの向きを左または右に固定するための命令です。Scratchにもともと設定されている値（これを「初期値」と言います）は「自由に回転する」ため、この命令を省略すると、ネコが左を向いたときに上下が逆さまになります。

7 プログラムの流れ方は3通り

　おまけのプログラム、できましたか？ サンプルプログラムをリスト2.7に示します。

リスト2.7 「違う違う！」のジェスチャーを加えたプログラム（list2-7.sb2）

　第2章ではプログラムの流れ方、言い換えると**命令の実行順序には「順次実行」**

と「条件判断」、「繰り返し処理」の3通りがあることを確認してきました。最後に作ったプログラムは、このすべてを使ったプログラムです。そして、どんなに複雑そうに見えるプログラムも、よくよく見ると、この3つだけでできているのです。そう考えると、プログラムって簡単なものに思えてきたでしょう？

Scratchにはプログラムの流れを変えるためのブロックがいくつか用意されています。それらのブロックの使い方は、第4章と第5章で説明します。

Column　プログラムの実行順序を図で表そう

図2.15は、リスト2.7の命令の実行順序を図で表したものです。四角は普通の処理、ひし形は「もし　なら」の条件判断を表しており、矢印のとおりにたどっていけばプログラムの動作がわかるという便利な図です。これをプログラミングの世界では**フローチャート**[*7]と呼びます。

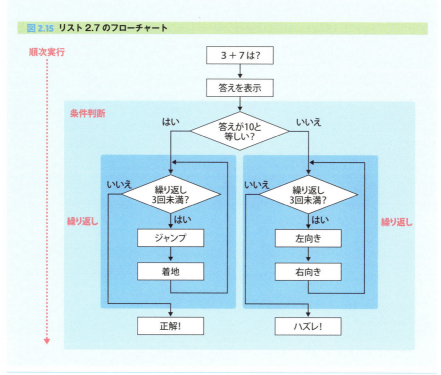

図2.15　リスト2.7のフローチャート

[*7]　フローはflow（流れ）、チャートはchart（図）です。**流れ図**と呼ぶこともあります。

本当はフローチャートには書き方が定義されていて、そのルールに従って書けば誰が見てもわかる仕組みになっているのですが、今の段階でフローチャートの書き方まで勉強する必要はありません。プログラムの内容を考えながら、「どんな処理をどの順番で実行すればいいか、矢印を使って書いておこうかな」程度の気持ちで十分です。図 2.15 のような図があれば、Scratch のブロックに置き換えるのも簡単ですね。

第 2 章で学んだこと

○ プログラムの流れ方は 3 通り
　・ブロックを並べた順番に上から実行する（順次実行）
　・状況に応じて違う処理を実行する（条件判断 →第 4 章を参照）
　・同じ処理を何度も繰り返す（繰り返し処理 →第 5 章を参照）
○ プログラムの内容を考えるときは、処理の流れを図で表してみよう

第 **3** 章
値を入れる箱をマスターしよう

キーボードから入力した値や計算途中の値など、プログラムで使う値は**変数**に入れましょう。
変数を利用すると、作れるプログラムの幅がぐっと広がります。

1 [答え]の役割

　第2章でネコと会話をするために、`What's your name? と聞いて待つ` を使いました。このとき、キーボードから入力した値は `答え` に入っていましたね（→ 図3.1）。もしも `答え` という入れ物がなかったら、どうなると思いますか？

図 3.1　キー入力した値は[答え]に入る

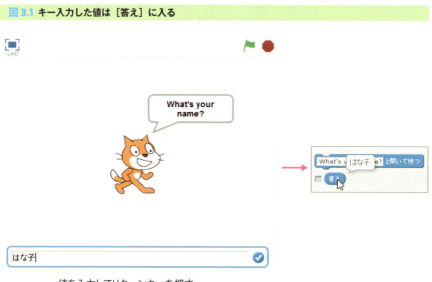

値を入力してリターンキーを押す

　私たち人間にとって自分が入力した値を覚えておくことは朝飯前ですが、言われたことしかできないコンピュータは「覚えておきなさい」と言われない限り、どんなに簡単な値でもすぐに忘れてしまいます。そのため、もしも `答え` という入れ物がなかったら、入力された値が正しいかどうかを判定することができなくなります。当然、ネコが「**正解！**」や「**ハズレ！**」と言うこともできません。

1 [答え]の役割

　別にネコと会話ができなくたってかまわない？　そんなことはありません。これがスマートフォンのロック解除だったらどうなるでしょう？　指紋やパスコードを入力しても、スマートフォンがその値を覚えていなかったら、何度やっても認証されないのです。それでは困るでしょう？

　 答え は と聞いて待つ を実行したとき、キー入力された値を入れておくための専用の入れ物です。なぜ、そのような入れ物が必要なのか、もうおわかりですね。**入力された値をプログラムの中で利用できるように覚えておくため**です。このような入れ物をプログラミングの世界では**変数**と言います。

第3章 値を入れる箱をマスターしよう

2 「変数」は変化する

　繰り返しになりますが、 と聞いて待つ を実行したとき、キー入力した値は 答え に入ります。では、リスト3.1のように命令を2つ続けて実行したら、 答え の中身はどうなると思いますか？　いつものように、先に予想してください。

リスト3.1 このプログラムを実行すると［答え］の中身はどうなる？（list3-1.sb2）

　これまでは 答え と言う を使って 答え の内容を確認していましたが、もっと簡単に確認できる方法を紹介しましょう。ブロックパレット上の 答え の左にある ■ をチェックしてください。ステージ上に 答え が表示されましたね。ここには現在の 答え の中身が表示されます。図3.2は What's your name? と聞いて待つ を実行する前なので、 答え に何も入っていない状態です。

　それでは、リスト3.1を実行してください。最後に 答え に入っている値は名前と出身地、どちらの答えですか？（→図3.3）

図 3.2 [答え] の中身を確認できる

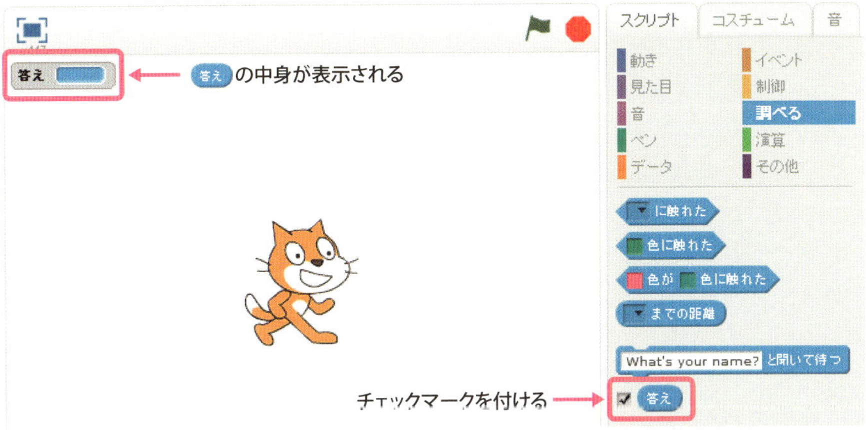
答え
答え の中身が表示される
スクリプト
コスチューム
音
動き
見た目
音
ペン
データ
イベント
制御
調べる
演算
その他
に触れた
色に触れた
色が 色に触れた
までの距離
What's your name? と聞いて待つ
答え
チェックマークを付ける

図 3.3 [答え] に入っている値は次々と上書きされる

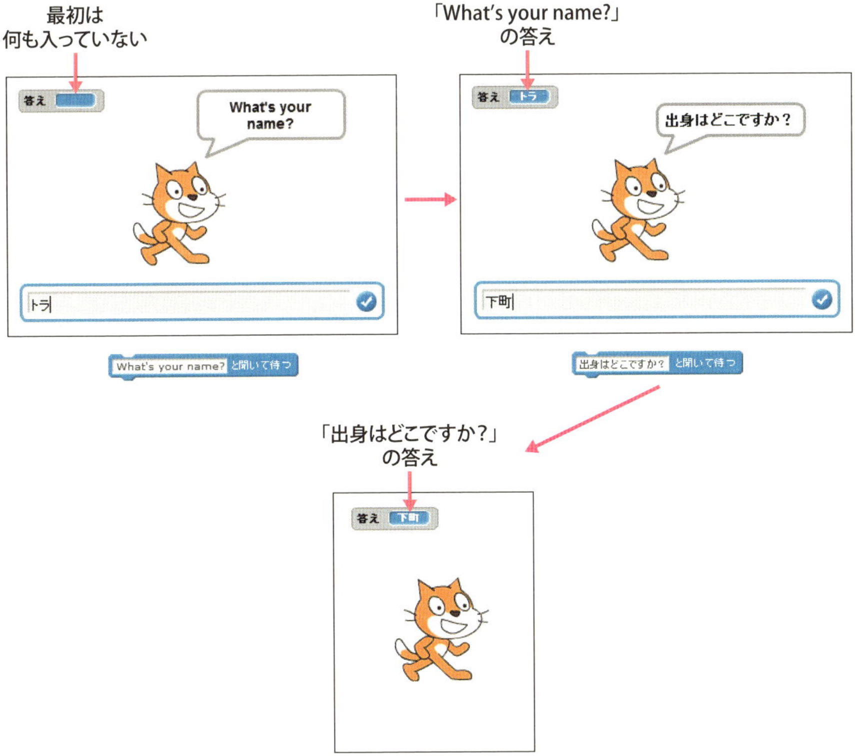
最初は
何も入っていない
答え
What's your name?
トラ
What's your name? と聞いて待つ
「What's your name?」
の答え
答え トラ
出身はどこですか？
下町
出身はどこですか？ と聞いて待つ
「出身はどこですか？」
の答え
答え 下町

プログラムを実行するとわかるように、 答え は新しい質問の答えで次々と上書きされます。つまり、新しい値を入れた段階で前の値は失われてしまうので注意しなければなりません。

なお、 答え は Scratch があらかじめ用意した変数です。他にも Scratch が用意している変数があるので見てみましょう。

たとえば、［動き］カテゴリーの下の方にある x座標 、 y座標 、 向き [1] です。これらの ■ をチェックすると、ステージ上のスプライト（⇒図 3.4 の場合はネコ）の位置や向きが表示されます（⇒図 3.4）。ためしにステージ上のネコをマウスでつかんでドラッグしてみてください。ネコを動かしている間、座標の値が変化するでしょう？ でも、ネコが向いている方向は変わらないので、 向き の値は変化しません。今度はブロックパレット上で ⟲ 15 度回す をクリックしてみてください。ネコの向きが変わるのと同時に、 向き の値も変化したはずです。

図 3.4 Scratch が用意している他の変数を表示させた

変数はプログラムで使う値を一時的に入れておくための領域です。 答え や x座標 、 y座標 のように Scratch が用意している変数もありますが、**自分で新しい変数を作って利用することもできます**。変数を使いこなせるようになると、作

[1] 変数は長円のブロックで表されます。

れるプログラムの幅がぐっと広がります。それだけ変数は、プログラムの中でも重要な概念です。

> **Column** ステージに変数を表示すると便利なこと
>
> 　図3.4のように変数の内容を画面に表示することを、プログラミングの世界では**デバッグプリント**と言います。**デバッグとはバグ**[*2]**を取り除くこと、つまりプログラムの不具合を修正すること**で、デバッグプリントは不具合を修正するためにプリント（出力）する、という意味です。
>
> 　プログラムの動きがおかしい。でも、どこが間違っているのかわからない——そんなときは変数の値を画面に表示して、プログラム実行中の値を確認してみましょう。途中までは予想どおりの値が入っていたのに、突然おかしな値になったなら、その周辺にバグが潜んでいます。プログラム全体をくまなく調べるよりも、効率よく間違いを見つけることができそうですね。
>
> 　ただし、Scratchはステージ上に変数の値を表示するため、あまりたくさん表示すると、せっかくのステージがデバッグプリントだらけになってしまいます。変数の内容を確認する必要がなくなったらチェックマークを外して、普段は非表示にしておきましょう。

[*2] バグ（*bug*）とは、小さな虫のことです。プログラミングの世界では、プログラムに間違いがあることを「バグがある」と表現します。

[答え]を覚えておく方法

　図 3.5 のネコのセリフは、リスト 3.1 の質問の答えを利用したものです。ネコのセリフを見て、何か気が付きませんか？　ヒントは

　`と聞いて待つ` を実行するたびに、`答え` の中身は変わる

という点です。

図 3.5 2つの[答え]の中身が表示されている

　ネコがこのセリフを話すには、「**名前**」と「**出身地**」の両方の答えが必要です。しかし、質問のたびに `答え` は上書きされるので、2つの質問が終わった時点で `答え` の中身は「**出身地**」になっているはずです。それなのに、ちゃんと「**名前**」と「**出身地**」の両方がセリフに入っていますね。どうすれば、このようなことができると思いますか？

　そう、`答え` が上書きされる前に、**いま `答え` に入っている値をどこか別の場所に移しておけばよい**のです。別の場所とは、もちろん新しい変数のことです。

3.1 変数を作ろう

［データ］カテゴリーを見てみましょう。ここに［変数を作る］というボタンがありますね。ボタンをクリックすると、図3.6上の画面が表示されます。「変数名」に「**名前**」と入力して［OK］ボタンをクリック[*3]してください。すると、［データ］カテゴリーにブロックが5つ追加されます（→図3.6下）。これで 名前 という新しい変数ができました。

図3.6 新しい変数の作り方

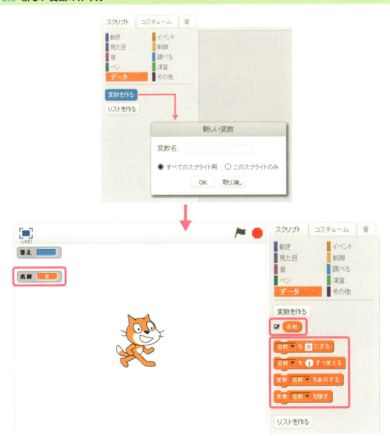

[*3] 「すべてのスプライト用」と「このスプライトのみ」の違いは、第9章「4.2：変数の有効範囲」で説明します。通常は［すべてのスプライト用］を選択してかまいません。

第3章 値を入れる箱をマスターしよう

　追加されたブロックの中で一番上に表示されたのが新しい変数です[*4]。チェックマークが付いているので、ステージにも 名前 の内容が表示されていますね。変数を作った直後は「0」が入っていることがわかります。さっそく使ってみましょう。 Hello! と言う の上に 名前 をドラッグして 名前 と言う に変更した後、実行してみてください。ちゃんと「0」と言いましたね（→図3.7）。

図3.7　[[名前]と言う] を試してみる

　新しい変数を作るとき、名前は自由に付けることができます。**何を入れるための変数か、その内容がわかるような名前を工夫して付けてください**。 答え や x座標 、 y座標 のように、Scratchが用意した変数と同じ名前の変数を作ることもできますが、これはおすすめできません。自分で作った変数とScratchが用意した変数とではブロックの色が異なるので見分けることはできます[*5]が、同じ名前の変数が2つあるのは間違いの原因になります。

　また、変数を作るときに図3.8のようなメッセージ[*6]が表示されたときは、変数名が重複しています。同じ名前の変数を作ることはできない[*7]ので注意してください。

[*4] 残りのブロックは、変数に関する命令です。
[*5] 色の違いで見分けられるのは、Scratchだからです。一般的なプログラミング言語で、この方法は通用しません。
[*6] 「その名前はすでに使われています」という意味です。
[*7] 違うファイルにプログラムを作る場合は、同じ名前を使っても問題ありません。

3 [答え]を覚えておく方法

図3.8 変数の名前が重複しているとき

3.2 変数に値を入れる

　今度は変数の中身を変更してみましょう。[データ]カテゴリーの中に `名前▼を 0 にする` があるので、「0」を適当な値に変更してブロックをクリックしてください。ステージ上の `名前` の中身が、その値に変わったでしょう？（→図3.9）。

図3.9 変数[名前]に適当な値を入れてみる

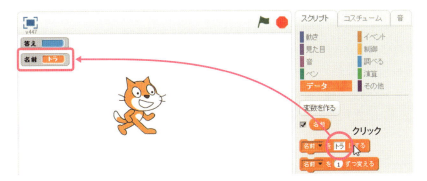

変数に値を入れることを、プログラミングの世界では**代入**と言います。Scratchでは [名前▼ を 0 にする]*8 ブロックが、変数に値を代入する命令です。もちろん、変数には何度でも値を代入することができます（→図3.10左）。一番最後に代入した値が、そのときの変数の値になります（→図3.10右）。

図3.10 最後に代入した値がその変数の値になる

この順番で実行すると [名前] の中身は「ライオン」になる

3.3 変数を使ってみよう

図3.11を見てください。「What's your name?」、「出身はどこですか？」の順番に質問した後、その答えを使ったセリフを話すには、少なくともどちらかの答えを [答え] とは別の変数に入れておかなければなりません。どのタイミングで、どちらの答えを別の変数に入れたらよいと思いますか？

[□と聞いて待つ] を実行するたびに [答え] の中身は上書きされます。ということは、出身地を聞く前に、1つ目の質問の答え（ここでは名前）を別の変数に代入する必要がありますね。

リスト3.2は、図3.11のプログラム例です。[名前] という変数をまだ作っていない人は、「3.1：変数を作ろう」に戻って新しい変数を作成してください。この変数に値を代入する命令は [名前▼ を 0 にする] です。「0」の代わりに [答え] を入れましょう。なお、一番最後の命令は [Hello!と言う] のセリフの部分を、［演算］カテゴリーの [hello と world] を3つ使って作りました。詳しくはp.82の「コラム：[hello と world] を使ってセリフを作る」を参照してください。

---

*8 Scratchは英語で作られたツールのため、ブロックの中には日本語が不自然に感じられるものもあります。このブロックは「名前に0を代入する」と読み替えるとわかりやすいでしょう。

3 [答え]を覚えておく方法

図 3.11 どのタイミングで、どちらの答えを別の変数に入れる？

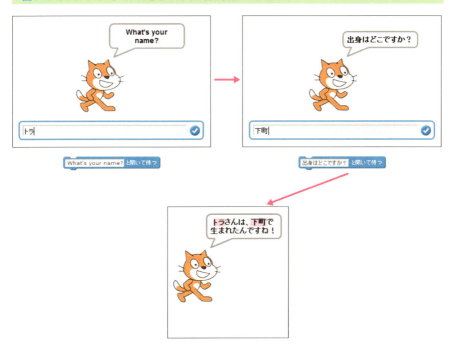

プログラムができたら、さっそく実行してみましょう。あなたが入力した答えでネコのセリフが変われば成功です。

リスト 3.2 完成したプログラム （●list3-2.sb2）

Column　hello と world を使ってセリフを作る

　[演算]カテゴリーを選択して、ブロックパレット上の hello と world をクリックしてみてください。吹き出しに「hello world」が表示されましたね（→図3.12）。真ん中の「と」がなくなっていることに気が付きましたか？ hello と world は四角に入力した2つの言葉をつないで、1つの言葉を作る命令です。これを使って図3.11のセリフを作りましょう。リスト3.2の最後の命令を見ると複雑そうに見えますが、実際は前から順番に組み立てていくだけです。

図 3.12　[hello と world] をクリックすると「hello world」と表示される

　最初に hello と world に当てはまるように、セリフを分解しましょう。ポイントは、**変数とそれ以外の部分を分ける**ことです。「トラさんは、下町で生まれたんですね！」の背景がピンクの部分は変数に入っている値ですから、このセリフは図3.13上のように分解できます。あとは、順番に hello と world に入れていけば完成です。

図 3.13　セリフを変数とそれ以外の部分に分ける

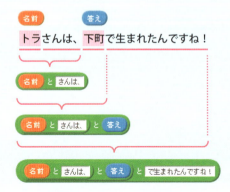

3.4 変数を使うと便利!ーその1：[答え]を見失わない

リスト 3.3 は、リスト 3.2 を少しだけ改良したものです。どこが変わったか、わかりますか？

リスト 3.3 リスト 3.2 を改良したプログラム （⊕list3-3.sb2）

変数： 名前 出身地

```
What's your name? と聞いて待つ
名前▼ を 答え にする
出身はどこですか？ と聞いて待つ
出身地▼ を 答え にする
名前 と さんは、 と 出身地 と で生まれたんですね！ と言う
```

リスト 3.2 では名前だけ変数に入れて、出身地は 答え に入れたままでした。改良したリスト 3.3 では、新たに 出身地 という名前の変数を作って2つ目の質問の答えを代入[*9]し、セリフを作るときにも 出身地 を使いました。どちらのプログラムも、動きとしてはまったく同じです。2つのプログラムを見比べて、どちらがわかりやすいと思いますか？

Scratch にはキーボードから入力した値を受け取る命令が と聞いて待つ しかありません。そして、キー入力した値は必ず 答え に入ります。そのため何度も と聞いて待つ を実行していると、いま 答え に何が入っているのかがわからなくなってきます。また、せっかく入力してもらった答えを使わないうちに、別の値で上書きしてしまったら大変ですね。

このような問題を未然に防ぐには、 と聞いて待つ を実行するたびに、キー入力した値を別の変数に入れておくことです。このときにどの質問の答えかがわかるように変数名を付けておくと、後から利用するときにも迷わずに済みます。

[*9] 2つ目以降の変数を作ったとき、ブロックパレットには変数だけが追加されます。変数に値を代入するときは、［名前を 0 にする］でリストから対象の変数名を選択してください。

4 コンピュータを使って計算する

どんなに難しい計算でも、一瞬で答えを出してくれるコンピュータ。しかし、その計算式を作るのは私たちです。「数学は苦手なのに……」と思ったあなた。大丈夫です。複雑そうに見える計算式も、基本は足し算、引き算、掛け算、割り算からできているのですから。まずは暗算できる簡単な計算で、式の書き方をマスターしましょう。

4.1 「110」と「110」の違い

ここに「110」とだけ書かれたカードがあります（→図3.14）。あなたはこの「110」を何だと思いますか？ 「カードに書かれた文字」という答えはダメですよ。考えてほしいことは、「110」が**数字**なのか**数値**なのかということです。

図3.14「110」は数字？ それとも数値？

```
110
```

「数字と数値って、何が違うの？」と思いましたか？ あまり意識したことがないかもしれませんが、**数字は数を表す文字、数値は計算に使える値**であり、**コンピュータの世界ではまったく違う種類として扱います**。たとえば数字、つまり文字の「1」と「10」を足すと、コンピュータは2つをつなげて「110」という文字列（複数の文字がつながったもの）を作ります。これは (hello と world) を実行したときと同じ結果ですね。一方、数値の場合は「1 + 10」という計算をして、答えは「11」になります。

Scratch では**変数に半角で数字を代入したときに限り、それを数値と判断して**

処理をします。**全角で代入したときや、半角と全角を混ぜて代入した値は文字列となり、計算には使えない**ので注意してください（→図 3.15）。

図 3.15 半角、全角の場合の数字、数値として扱われ方

4.2 計算式の書き方

1 + 1 = 2。算数で習った計算式の書き方です。この式は「1 + 1 は、2 と等しい」という意味ですね。ところがプログラミングの世界では

　変数に、1 + 1 の答えを代入する

という意味になるように計算式を作ります。なぜなら計算した結果をどこかに入れておかないと、コンピュータはすぐに忘れてしまうからです。Scratch で変数に値を代入する命令は、［データ］カテゴリーの ▼を▢にする　でしたね。

今度は［演算］カテゴリーを見てみましょう（→次ページ図 3.16）。計算に使えそうなブロックが出てきましたね。上から順に足し算、引き算、掛け算、割り算をするためのブロックです。算数のときは掛け算に「×」、割り算には「÷」を使いましたが、パソコンのキーボードにはこれらの記号がありません。その代わりに「*」と「/」を使う[10] ことを覚えておきましょう。

では、練習です。コンピュータで実際に「1 + 1」を計算するには、どうすればよいと思いますか？

---

[10] 「+」や「*」など、計算に使うこれらの記号をプログラミングの世界では**算術演算子**と言います。

図 3.16 ［演算］カテゴリーのブロック

Scratchで計算するときは、

❶ 答えを入れる変数を作る

❷ ［　　▼ を ■ にする］を使って、変数に計算式を代入する

という手順になります（→ 図 3.17）。

図 3.17 計算するときの手順

❶ 変数を作る

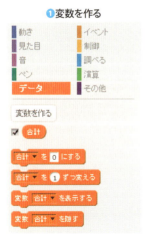

❷ 変数に計算式を代入する

図3.17では答えを入れる変数の名前を「**合計**」にしました。本当は「**答え**」にし

たいところですが、それでは Scratch が用意している変数と名前が重複してしまいます。変数名にはアルファベットや数字を使うこともできるので、「answer」[*11]という名前でもいいですね。 ◯+◯ には、それぞれ半角で「1」を入力してください。間違えて全角で入力しても、その値は受け付けられません。つまり、全角の数字は計算に使えないということです。

ステージ上に 合計 が表示されていることを確認したら、ブロックをクリックしてください。 合計 が「2」になりましたね。 ◯+◯ の値を変えたり、◯-◯ や ◯*◯ など、他のブロックに変えたときにもきちんと計算できるかどうか、いろいろ試してみましょう。

4.3 レジで払うお金はいくら?

図 3.18 を見てください。ネコの問いかけに応じて個数を入力すると最後に金額が表示されるのですが、どういうプログラムを作ればいいと思いますか?

図 3.18 問いかけに答えると計算結果を表示する

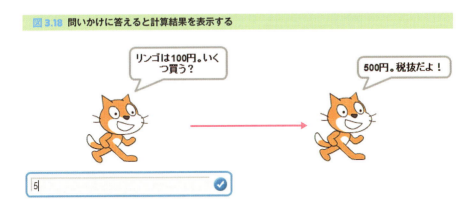

「リンゴは 100 円」とネコが言っているので、「いくつ買う?」の答えに 100 を掛ければ金額は求められますね。この値をセリフに含めなければならないので、計算結果は変数に入れましょう。最後に「**税抜だよ!**」というセリフがあるので

[*11] 変数名に英数字を使うときは、大文字 / 小文字、全角 / 半角に気を付けてください。Scratch ではこれらを厳密に区別します。

消費税の計算は必要ありません。

プログラム例をリスト3.4に示します。金額のほかに個数という変数を作って、「いくつ買う？」の答えを代入しました。「100 × 答え」よりも「100 × 個数」の方が、何をしているかわかりやすいでしょう？

リスト3.4 問いかけに答えると計算結果を表示するプログラム （list3-4.sb2）

変数： 個数　金額

```
リンゴは100円。いくつ買う？ と聞いて待つ
個数 ▼ を 答え にする
金額 ▼ を 100 * 個数 にする
金額 と 円。税抜だよ！ と言う
```

4.4 変数を使うと便利！ーその2：「値段」が変わっても大丈夫

もう一度、リスト3.4を見てください。もしもリンゴの値段が150円になったら、1行目のセリフと3行目の計算式の2か所を修正しなければなりませんね。このプログラムのように単純であれば簡単に修正できますが、もっと長いプログラムのあちこちでリンゴの値段を使っていたらどうなるでしょう？　もちろん1つずつ修正すればよいのですが、見落としたり、入力ミスをする可能性はゼロではありません。

このようなミスを事前に防ぐには、リスト3.5のようにリンゴの値段も変数に入れておくことです。これであればリンゴの値段が変わったとき、修正するのは1行目の 値段 に値を代入する部分だけで済みます。また、「100 × 個数」よりも「値段 × 個数」の方が 金額 に何が入っているかがわかりやすくなりますね。

変数はプログラムで使う値を入れておく領域ですが、**プログラムを読みやすくしたり、メンテナンスしやすくしたりする**[*12] という効果もあります。ただし、これは「変数の名前が適していれば」の話です。いい加減な名前を付けてしまうと、余計にわかりにくくなるので注意してください。

[*12] 第6章「3.2：矢印キーで上下左右に動かす」も参考にしてください。

4 コンピュータを使って計算する

リスト 3.5 リスト 3.4 を改良したプログラム （⊖list3-5.sb2）

変数： 値段　個数　金額

```
値段 ▼ を 100 にする
リンゴは と 値段 と 円。いくつ買う？ と聞いて待つ
個数 ▼ を 答え にする
金額 ▼ を 値段 * 個数 にする
金額 と 円。税抜だよ！ と言う
```

4.5 複雑な計算にチャレンジ

　今度は消費税を含んだ金額を計算しましょう（→図3.19）。計算の仕方はいろいろありますが、今回は次の手順で計算します。どのような変数が必要で、どんな計算式にすればよいか考えてみてください。

❶消費税の対象になる金額（この場合は「リンゴの値段×個数」）を求める
❷消費税額（❶の金額×消費税率）を求める
❸対象金額と消費税を合計する

図 3.19 問いかけに答えると税込みの金額を表示する

第3章 値を入れる箱をマスターしよう

　消費税の対象になる金額の計算式は、リスト 3.5 の式がそのまま使えます。この式では「**金額**」と「**リンゴの値段**」、「**個数**」を入れる変数が必要でしたね。これらに加えて「**消費税額**」と「**税込みの金額**」を入れる変数を新たに作成してください。また、消費税率が変わったときにも対応できるように「**消費税率**」も変数にしましょう。つまり、全部で 6 つの変数が必要です（→図 3.20）。これらの変数を使ったプログラムを、リスト 3.6 に示します。

図 3.20　準備する変数とそれに代入する値

リスト 3.6　問いかけに答えると税込みの金額を表示するプログラム（→list3-6.sb2）

5〜7行目が計算を行っている部分です。6行目の消費税額を計算する式には、掛け算と割り算が含まれていますね。1つの式に複数の演算が含まれるときは計算の順番に気を付けなければならないのですが、覚えていますか？ 詳しくは次の項で説明しますが、掛け算と割り算のときはどこから計算しても答えは同じです。 ● * ● と ● / ● を組み合わせて計算式を作成してください（● 図 3.21）[13]。

ところで、消費税額の計算式の意味はわかりますか？ 1行目で 税率 に「8」[14]を代入したのがポイントです。8%は0.08。100で割り算するのはそのためです。

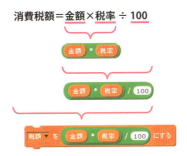

図 3.21 複数の演算を組み合わせて式を作る

プログラムができたら実行してみましょう。ちゃんと消費税を含んだ額が表示されましたか？ 個数を変えたり、値段や税率を変えて正しく計算できていることを確認しましょう。

4.6 計算式を1つにまとめる

リスト 3.6 では消費税を含んだ金額を求めるために、計算式を3つ使いました。でも、こんなに簡単な計算なら1つの式にまとめることもできそうですね。

ここで計算の優先順位を確認しておきましょう。算数の時間に習った計算のルールを覚えていますか？

---

[13] 計算式の意味を考えると、「税率÷100」を先に計算した方がわかりやすいプログラムになります。この後の「4.6：計算式を1つにまとめる」もあわせて参照してください。

[14] 本書執筆時の消費税率は 8% です。

- 1つの式に複数の演算が含まれるときは、足し算、引き算よりも掛け算、割り算を先に計算する
- 式の中にカッコで囲んだ部分があるときは、その部分を優先する

たとえば「100 × 5 + 40」であれば、「100 × 5」を先に計算して答えは「540」です。しかし、「100 ×(5 + 40)」のように足し算をカッコで囲んだときは、「5 + 40」を先に計算して答えは「4500」になるのでしたね。**このルールはプログラミングの世界でも適用される**ので覚えておきましょう。

ただし、Scratchでは計算式にカッコを含めることができません。その代わりにブロックの組み合わせ方で計算の順序を指定します（→図3.22）。最初は少し戸惑うかもしれませんが、**先に計算するブロックを作って、それを組み合わせて式を完成させてください**。最終的に上に乗っているブロックから順に計算されます。

図3.22 数式にカッコがある場合のブロックの組み立て方

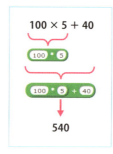
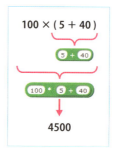

図3.23は、どちらも消費税を含んだ金額を求める式です。どちらの式で計算しても答えは同じになるのですが、読みやすいのはどちらですか？　カッコには計算の順番を決めるほかに、式を読みやすくするという役割もある[*15]ので覚えておきましょう。リスト3.7は、図3.23上の計算式を使って消費税込みの金額を求めるプログラムです。

[*15] 消費税額の計算式は、掛け算と割り算の組み合わせです。どの順で計算しても答えは変わらないので、図3.21や図3.23上では左側から順番に計算しています。しかし、計算式の意味を考えると「((値段 × 個数)×(税率÷100))」のように囲んだ方がわかりやすいですね。

4 コンピュータを使って計算する

図 3.23 消費税を含んだ金額を求める 2 つの式

> (値段×個数)＋(((値段×個数)×税率)÷100)

> 値段×個数＋値段×個数×税率÷100

リスト 3.7 リスト 3.6 の計算を 1 行にまとめたプログラム（list3-7.sb2）

変数： 税率　値段　個数　合計

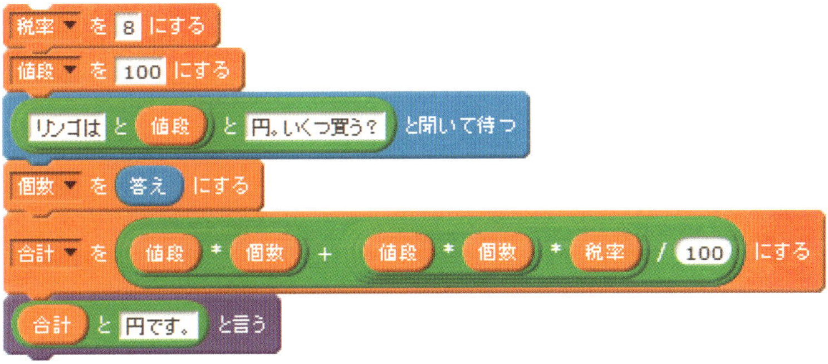

```
税率 ▼ を 8 にする
値段 ▼ を 100 にする
    リンゴは と 値段 と 円。いくつ買う？ と聞いて待つ
個数 ▼ を 答え にする
合計 ▼ を 値段 * 個数 + 値段 * 個数 * 税率 / 100 にする
    合計 と 円です。 と言う
```

　もう一度、リスト 3.6 とリスト 3.7 を見比べてみましょう。リスト 3.7 では式を 1 つにまとめることで、「金額」と「税額」の 2 つの変数が不要になりました。また、それぞれを計算する式も不要になったので、プログラムも 2 行少なくなったのですが、わかりやすさという点ではどうですか？

　この例のように簡単な計算であれば、式を 1 つにまとめても問題ありません。しかし、**プログラムを作るうえで一番大切なことは、何をしているのかがきちんとわかること**です。難しい計算を 1 つの式にまとめても、そしてその式が正しかったとしても、何を計算しているのかがわかりにくいのは困ります。読みやすく、わかりやすいプログラムはバグを生む可能性が低くなるだけでなく、万一バグがあった場合にも見つけやすいということを頭の片隅に入れてプログラムを作りましょう。

4.7 「1.1×100」が「110」にならない!?

　さて、みなさんの中には「消費税込みの金額なら「値段×個数× 1.08」で求められるよ」と思った方もいるでしょう。さっそく作ったプログラムがリスト 3.8 です。このプログラムを実行すると、確かに計算できていますね（◉図 3.24）。

図 3.24　税込みの金額は「値段×個数× 1.08」でも求められる

リスト 3.8　リスト 3.7 の計算式を簡略化したプログラム（◉list3-8.sb2）

　消費税が 8% から 10% に変わったら、計算式の中の「1.08」を「1.1」に変更

すればいいはずです（→リスト 3.9）。実行してみると……「100 × 1 × 1.1」の答えが「110 円」になりません（→図 3.25）。「そんなバカな！」と言いたいところですが、これは Scratch の間違いではなくて、コンピュータを使って計算した正しい答えなのです。

リスト 3.9 リスト 3.8 の消費税率を「1.1」に変更したプログラム（→list3-9.sb2）

図 3.25 消費税率を「1.1」に変更したら「110」にならない!?

「コンピュータは、0 と 1 しかわからない」という話を聞いたことはありませんか？「わからない」というとイメージが良くないので、**コンピュータはどんな値でも、0 と 1 に置き換えて処理している**と言い換えましょう。100 × 1 × 1.1 の答えが 110 にならないのは、ここに原因があります。

私たちは 0、1、2、3、4、5、6、7、8、9 の 10 個の数字を使って数を数えますね。1、2、3……と数えて、9 まで使ったら桁を 1 つ繰り上げて 10、11、12……です。この方式を **10 進法** と言います。ところが、コンピュータの世界で使うのは **2 進法** です。これは 0 と 1、たった 2 つの数字で数える方法で、0、1 の次は 1 つ桁を繰り上げて 10、11、この後はさらに桁を繰り上げて 100、101……です。どんどん桁が大きくなって私たちにはわかりにくいのですが、電気信号のオン / オフで動く機械にとって 2 進法は好都合なのです。だからコンピュータ内部ではどんな値でも 0 と 1 に置き換えて処理をするのですが、中にはどうしても 2 進数[*16] に置き換えられない値があります。それが小数点を含んだ値[*17] です。

たとえば、10 進数の「0.1」を 2 進数に変換すると「0.0001100110011……」のように、いつまでも続く値になります。このような値を使って計算すると、答えにはどうしても誤差が含まれてしまうのです。図 3.25 の小数点以下の小さな値は、コンピュータがきちんと計算した結果だったというわけです。

残念ながら**コンピュータを使った計算で、誤差をなくすことはできません**。そのことをきちんと理解したうえでプログラムを作りましょう。誤差をできるだけ小さくするには、整数で計算する[*18] のも 1 つの方法です。消費税込みの金額を計算するときも、図 3.26 の順序で計算すれば途中に小数点は含まれませんね。

図 3.26 できるだけ整数で計算する

```
金　額　＝ 値段×個数
税　額　＝ 金額×税率÷100
税込金額 ＝ 金額＋税額
```

税込金額 = (値段×個数)+(((値段×個数)×税率)÷100)

Column ●を四捨五入 を使うときに注意すること

リンゴの値段が 98 円のとき、消費税を含んだ金額は「((98 × 1) + (((98 × 1) × 8) ÷ 100))」で 105.84 円[*19] です。1 円未満の部分を、あなたならどう処理しますか？

[*16] 10 進法で数えた値を **10 進数**、2 進法で数えた値を **2 進数** と言います。
[*17] これを **実数** と言います。
[*18] なぜなら誤差が発生するのは、小数点を含んだ値を 2 進数に置き換えるときだからです。整数を 2 進数に置き換えるとき、誤差は発生しません。
[*19] リスト 3.6 の［値段］に入れる値を変えて試してみましょう。

［演算］カテゴリーの下の方に ●を四捨五入 があります。これを利用すると、小数点以下第一位で四捨五入することができます（→ 図 3.27）。便利でしょう？

図 3.27 ［ を四捨五入］を使って 1 円未満の部分を繰り上げた様子

このブロックを使えば「100 × 1 × 1.1」の答えも「110」で表示されます（→ 図 3.28）。消費税込みの金額としては正しい値に見えますが、これは**誤差を見えなくしただけであり、誤差がなくなったわけではありません**。計算時に四捨五入を繰り返すと、最初は小さかった誤差も次第に大きな誤差になるので注意しましょう。

図 3.28 ［ を四捨五入］で誤差を見えなくしたが……

第3章 値を入れる箱をマスターしよう

4.8 「合計」に1を足すと「合計」になる？

図3.29の式を見てください。これが算数の式ならばイコール（＝）は「等しい」という意味ですから、「合計」と「合計＋1」が等しいというのはあり得ませんね。しかし、**本格的なプログラミング言語の世界でイコールは「左辺に右辺の値を代入する」という意味になる**ので、これは正しい式です。どのような計算をすると思いますか？

図 3.29 プログラムでは正しい式

$$合計 = 合計 + 1$$

リスト3.10は、図3.29の式がどのような計算をするか、確認するためのプログラムです。  10回繰り返す は、ブロックの中に追加した処理を10回繰り返す命令でしたね。「合計」に「合計＋1」を代入した後、「合計」を0.5秒表示する――これを10回繰り返すプログラムです。プログラムを実行する前に、ネコのセリフを予想しましょう。

リスト 3.10 「合計＝合計＋1」の動作を確認するプログラム（list3-10.sb2）

変数： 合計

```
合計 を 0 にする
10 回繰り返す
    合計 を 合計 + 1 にする
    合計 と 0.5 秒言う
```

リスト3.10を実行すると、ネコの言う数字が1、2、3……のように1つずつ増えていきます（図3.30）。理由は

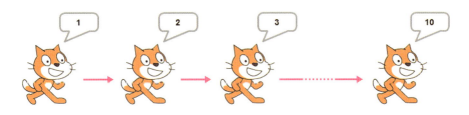 を 10 回繰り返しているからです。日本語としては少し不自然ですが、 は図 3.29 と同じ命令[20]で、**いまの 合計 に 1 を足して、その値で 合計 を上書きする**という意味です。**プログラムではよく使う計算式の書き方**なので覚えておきましょう。

図 3.30 ネコの言う数字が 1、2、3……のように 1 つずつ増える

---

[20] ［データ］カテゴリーの［**合計を 1 ずつ変える**］は、これと同じ処理を行う命令です。

第3章で学んだこと

○「変数」はプログラムで使う値を一時的に入れておくための入れ物。
値を代入するたびに、中身は上書きされる
○ 変数に値を代入するブロック
- ［　▼ を 　　 にする］
（例）［速さ▼ を 10 にする］←［速さ］に 10 を代入する
○ 変数には文字や数値を代入できる。
Scratch では半角で入力した値は数値、全角で入力した値は
数字として扱う
- 文字：キーボードから入力できる1文字。
「あめ」や「めだか」など、1つ以上の文字がつながったものは
「文字列」と呼ぶ
- 数字：数を表す文字
（例）［1 と 10］←「1」と「10」をつなげて「110」という文字列になる
- 数値：計算に使う値
（例）［1 + 10］←「1」と「10」を足して「11」になる
○ 変数を使うメリット
- プログラムが読みやすくなる
- 値が変更されたときも、プログラムの修正個所が少なくて済む

○ 計算に使う主なブロック
- ［● + ●］
- ［● - ●］
- ［● * ●］
- ［● / ●］
- ［● を ● で割った余り］
- ［● を四捨五入］
○ 計算式は「変数に、計算結果を代入する」という形で式を作る
（例）［合計▼ を 5 + 10 にする］←5+10 の結果を「合計」に代入する
○ プログラムでは「合計＝合計＋1」という計算式をよく使う
（例）［合計▼ を 合計 + 1 にする］←「合計」に 1 を足した値で
　　　　　　　　　　　　　　　　　「合計」を上書きする

第3章で学んだこと

○ 1つの計算式に複数の演算が含まれるとき、
　Scratchでは上に乗っているブロックから順番に計算される
　　（例）←「5＋40」、「100×45」の順番に計算して、
　　　　　　　　　　　　　　　　「4500」を「結果」に代入する
○ コンピュータを使って計算すると、必ず計算誤差発生する。
　誤差があることを頭の隅におきながらプログラミングすることが大事

第4章
プログラムの流れをコントロールしよう

第2章で、プログラムの流れ、つまり命令の実行順序には**順次実行**と**条件判断**、**繰り返し処理**の3通りがあることを説明しました。覚えていますか？

この章ではプログラムの流れを変える**「きっかけ」の作り方**を説明します。

第4章 プログラムの流れをコントロールしよう

1 「はい」か「いいえ」ですべてが決まる

　まずは復習です。Scratch では［制御］カテゴリーのブロックを使って命令の実行順序を変えることができるのでしたね。条件判断は ![もし〜でなければ] を使って、2つの処理のうちのどちらか一方だけを実行する方法です。また、![回繰り返す] を使えば、ブロックで囲んだ処理を指定した回数繰り返すことができました（→図 4.1）。それ以外の場合は、ブロックを並べた順番に実行します。

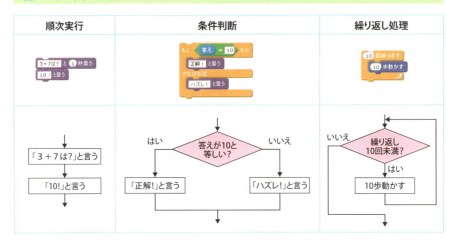

図 4.1 プログラムの流れは 3 通り

　図 4.1 を見て、条件判断も繰り返し処理も、プログラムの実行順序を変える前には必ず「はい」か「いいえ」で答える個所があることに気付きましたか？　当然のことですが、「きっかけ」がなければプログラムの流れを変えることはできません。図 4.1 の条件判断では「**答えが 10 と等しい？**」という問いかけになっていますが、もう少し正確に表現すると、これは「**答えと 10 を比較して、等しいかどうか**」を判断する処理です。等しいときは「**はい**」の道を、等しくなければ「**い**

いえ」の道を進みましょう（⇒図 4.1 中央）。

　また、繰り返し処理の「**繰り返し 10 回未満？**」は、「**ブロックの処理を実行した回数が 10 回未満かどうか**」を判断する処理です。少しややこしいのですが、の仕組みを説明しましょう。このブロックを使うとき、コンピュータの内部では実行した回数を数えるためのカウンターが用意されます（⇒図 4.2 上段）。最初はまだ一度も処理を行っていないので、カウンターは 0 です。0 は 10 よりも小さいので「**はい**」の道を進みましょう。ここで処理を実行するので、次に「ブロックの処理を実行した回数が 10 回未満かどうか」を判断するとき、カウンターは 1 になっていますね。再び「**はい**」の道を進みましょう。これを 10 回繰り返すとカウンターは 10 になるので、この後に「ブロックの処理を実行した回数が 10 回未満かどうか」を判断すると、答えは「**いいえ**」になり、ブロック内の処理は行わずに繰り返しを終了します（⇒図 4.1 右）。

図 4.2　内部カウンターと繰り返し回数

カウンター	0	1	2	3	4	5	6	7	8	9	10
繰り返し ○回目	1	2	3	4	5	6	7	8	9	10	

第4章 プログラムの流れをコントロールしよう

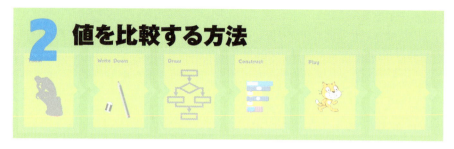

2 値を比較する方法

さて、プログラムの実行順序を変える「きっかけ」になったもの、何かわかりましたか？　それは**2つの値を比較する**という処理です。プログラミングの世界では、この処理を**比較演算**と言います。

2.1 値の比較に使う記号

［演算］カテゴリーの中を見てみましょう。この中に「=」や「<」、「>」が書かれたブロックがありますね。記号の両側には値を入力する欄もあります（→図4.3）。これらがScratchで値の比較に使う命令です。プログラミングの世界では**条件式**と呼ぶこともあります。それぞれの記号[*1]の意味を表4.1にまとめました。

図 4.3 ［演算］カテゴリーの中のブロック

[*1]　プログラミングの世界では、値の比較に使うこれらの記号を**比較演算子**と言います。

表 4.1 条件式で使われる記号の意味

記号	意味
<	左辺が右辺より小さい
=	左辺と右辺が等しい
>	左辺が右辺より大きい

　これらのブロックを使って判断した**結果は必ず「正しい：true」か「正しくない：false」かのどちらかになります**[*2]。ためしに のように値を入力して、ブロックをクリックしてみましょう。画面に「false」が表示されましたね（→図4.4左）。10よりも5の方が大きいので、この式は「正しくない」。だから結果はfalseです。今度は「左辺が右辺より大きい」を調べるブロックに のように値を入力しましょう。10よりも5の方が大きいので、この式は「正しい」ですね。ブロックをクリックすると、trueが表示されるはずです（→図4.4右）。

図 4.4 条件式の結果を調べる

　しかし、プログラムの実行時に や のように具体的な値を比較しても意味がありません。プログラムの流れを変えるときは「**答えが10と等しいかどうか**」や「**キー入力した値と登録されているパスコードが等しいかどうか**」のように、変数を使った比較を行います（→図4.5）。

図 4.5 プログラムでは、変数との比較、変数どうしの比較を行う

[*2]　本書のフローチャートに記載されている「はい」はtrueを、「いいえ」はfalseを表しています。

2.2 値を比較するときに注意すること

値を比較するブロックを使うとき、**通常は比較対象の値を左側に記述**します。図4.6はどちらも「が1,000よりも大きいかどうか」を調べる命令ですが、2つを見比べると左側の方が直感的でわかりやすいと思いませんか？

図4.6 値の比較では比較対象を左側に

また、比較する値の種類も重要です。第3章で、コンピュータは数字と数値を違う種類の値として扱うという話をしたのですが、覚えていますか？[*3] Scratchは、半角で入力した数字は数値、全角で入力した数字は文字として扱います。そのため**比較する値を半角で書いたときは数値の比較、全角で書いたときは文字の比較になる**ので注意してください。たとえば、「値段×個数」で計算した「金額」が1,000円を超えたかどうかを調べるには、比較する値を半角で入力してください（→図4.7下左）。図4.7下右のように全角で入力すると数値と文字を比較することになり、結果は必ずfalseになります。

図4.7 数値の比較のときは半角で入力する

リスト4.1は、金額が1,000円を超えたかどうかで、ネコが異なるセリフを言うプログラムです（→図4.8）。プログラムを作る前に 値段 と 個数、金額 という

[*3] 第3章「4.1：「110」と「１１０」の違い」を参照してください。

2 値を比較する方法

名前の変数を作成してください。プログラムができたら、どのような動きになるか予想してから実行しましょう。

リスト 4.1 金額が 1,000 円を超えたかどうかでセリフを変えるプログラム（◎list4-1.sb2）

変数： 値段 個数 金額

```
値段 を 100 にする
リンゴは と 値段 と 円。いくつ買う？ と聞いて待つ
個数 を 答え にする
金額 を 値段 * 個数 にする
もし 金額 > 1000 なら
    ミカン1個、おまけだよ！ と言う
でなければ
    金額 と 円です。 と言う
```

図 4.8 金額が 1,000 円を超えたかどうかを判断する

あきらかに金額が1,000円を超えているのに「ミカン1個、おまけだよ！」が表示されないときは、比較に使った値を確認してください。もしかして、全角で入力していませんか？

2.3 1,000円以上のときに「おまけ」するには？

リスト4.1を実行してみて、いかがでしたか？ みなさんの中には「10個買ったら1,000円だし、ミカンをもらえるんじゃないの？」と思った方がいるかもしれませんね。確かにその方が自然ですが、リスト4.1では個数に「10」を入力したときも ［でなければ］ の処理をしてしまいます（→図4.9）。どうしてこうなるのか、理由がわかりますか？

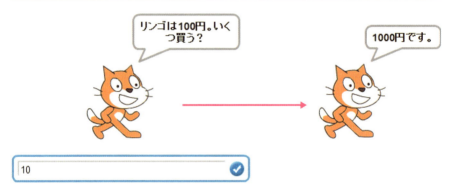

図4.9 個数に「10」を入力したときも［でなければ］の処理をする

原因は 金額 > 1000 にあります。これは「金額が1,000より大きいかどうか」を調べる式です。「**より大きい**」と「**より小さい**」は、**その値を含まない**というルールがあったことを覚えていますか？ このルールに従うと、金額が1,000円ではミカンをもらえません。1,000円のときにもおまけするには、どうすればいいでしょう？

「金額が1,000円以上かどうかを調べればいいじゃん」と思ったあなた。大正解です。**「以上」はその値を含んで、それよりも大きい**という意味でしたね。同じよ

うに**「以下」はその値を含んで、それよりも小さい**という意味です。これを使えば 1,000 円のときにもおまけできそうです。ところが——残念なことに、Scratchには「以上」や「以下」を調べるブロックがありません。それなら自分で作るしかありませんね。

算数の式で「以上」と「以下」は「≧」、「≦」という記号を使います。この記号、よく見ると「イコール（等しい）」と「より大きい」、「より小さい」の組み合わせでしょう？　この 3 つのブロックなら Scratch にもありますね。「以上」と「以下」の意味を

以上：「その値と等しい」または「それよりも大きい」
以下：「その値と等しい」または「それよりも小さい」

と定義すると、[演算] カテゴリーの中に使えそうなブロックが見つかりませんか？（⇒ 図 4.10）

図 **4.10**「以上」を定義する

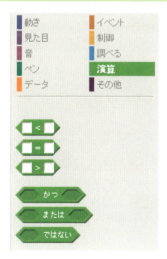

第4章 プログラムの流れをコントロールしよう

　リスト 4.2 は、リスト 4.1 の修正版です。これで金額が 1,000 円以上であればミカンがもらえるようになりました。

リスト 4.2 1,000 円以上であればミカンがもらえるプログラム（list4-2.sb2）

変数：値段　個数　金額

```
値段 ▼ を 100 にする
リンゴは と 値段 と 円。いくつ買う？ と聞いて待つ
個数 ▼ を 答え にする
金額 ▼ を 値段 * 個数 にする
もし 金額 = 1000 または 金額 > 1000 なら
    ミカン1個、おまけだよ！ と言う
でなければ
    金額 と 円です。 と言う
```

2.4 「または」と「かつ」の違い

　リスト 4.2 で「金額が 1,000 円以上かどうか」を調べるために使った　または　について、もう少し詳しく説明しましょう。　または　には　金額 = 1000 　と　金額 > 1000　の 2 つの条件式が含まれていますね（→ 図 4.11 左）。［演算］カテゴリーには同じ形で　かつ　というブロックもあります[*4]（→ 図 4.11 右）。これらは **2 つの条件式の組み合わせで、正しいか正しくないかを判断する**命令です。このような演算を、プログラミングの世界では**論理演算**と言います。表 4.2 と表 4.3 に、それぞれの結果[*5]をまとめました。

[*4]　同じ形でもう 1 つ、［　ではない］がありますが、これは指定した条件式の結果が false のときに true を返します。
[*5]　プログラミングの世界では、この表を**真理値表**と言います。

図 4.11 論理演算のブロックとそれを使った条件判断

表 4.2 [または] の結果

条件式 1	条件式 2	[または] の結果
true	true	true
true	false	true
false	true	true
false	false	false

表 4.3 [かつ] の結果

条件式 1	条件式 2	[かつ] の結果
true	true	true
true	false	false
false	true	false
false	false	false

　先にリスト 4.2 で使った 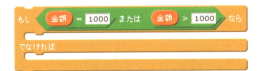[*6] から見ていきましょう。表 4.2 に示したように、指定した条件式のどちらか一方でも結果が true であれば、■または■ の結果は true になります。そのため図 4.11 左のように ■もし■■なら■ と組み合わせて使うと、金額が 1,000 円でも 1,001 円でも ■もし■■なら■ の処理を行います。■でなければ■ の処理を行うのは、金額が 1,000 円未満、言い換

[*6] プログラミングの世界では、これを**論理和**や **OR 演算**と言います。

えると999円以下のときです。

　もう1つの かつ *7は、指定した条件式の両方が正しくなければtrueになりません。ネット通販を利用するときにこの判定が使われているのですが、何か思い当たることはありませんか？　決済時には必ずアカウントとパスワードを聞かれますね。このときにどちらか一方でも間違っていると、その先へは進めないはずです。買い物ができるのは、入力したアカウントとパスワードの両方が正しいときだけです。

　図4.12は、ネット通販のログイン画面をイメージしたものです。サイトには

アカウント：neko-nyan

パスワード：hellocat

が登録されていることにしましょう。キー入力した値を アカウント と パスワード という名前の変数に入れて、それぞれ正しいかどうかを比較してください。両方とも正しければ「**ようこそ、（アカウント）さん！**」というメッセージを、そうでなければ「**アカウントかパスワード、もしくは両方が間違っています。**」というメッセージを表示するには、どのようにプログラムを作ればよいでしょう？　ヒントは かつ に入れる2つの条件式です。

図4.12 ネット通販ログイン画面のイメージ

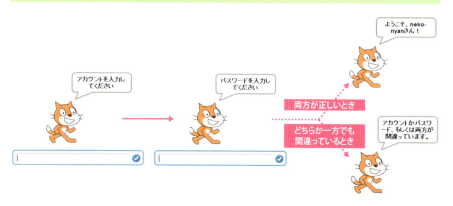

　プログラム例をリスト4.3に示します。アカウントとパスワードを正しく入力したとき、アカウントだけ正しく入力したとき、パスワードだけ正しく入力した

*7　プログラミングの世界では、これを**論理積**や**AND 演算**と言います。

2 値を比較する方法

とき、両方とも間違った値を入力したとき。全部で4パターンを入力してプログラムの動作を確認してみてください。うまく判定できましたか？

リスト4.3 ネット通販ログイン画面をイメージしたプログラム （list4-3.sb2）

115

3 プログラムの分かれ道を作る

もし〜なら〜でなければ——指定した条件式を判断した結果が true か false で、次に進む道を決める命令です。では、3つ以上の分かれ道を作るにはどうすればいいでしょう？ たとえば、1,000円以上買ったらおまけにミカンを1個、2,000円以上なら2個、3,000円以上なら5個あげるとき。1,000円未満のときはおまけしないという選択肢も含めると、分かれ道は4つ必要です。このような分かれ道、どうやって作ると思いますか？ 答えは、この後の「3.3：「1,000円以上、2,000円未満」を調べる方法」で説明します。

3.1 会員カードを持っている人だけ5%引きにする

「お店の会員カードを持っていたら全品5%引き」や「クーポン券を持っていたら100円引き」など、日常でもよくある場面ですね。もし◯◯を持っていたら何らかの特典を得られるけれど、そうでないときは何もない——つまり「でなければ」の処理が必要ない場面です。処理の流れをフローチャートにすると、図4.13になります。会員カードがあってもなくても「金額を表示する」という処理は行われますが、表示する金額はカードの有無によって変わりますね。

リスト4.4は、図4.13をもとに作ったプログラムです。途中で「**会員カードを持っていたら、「1」を入力してね！**」というセリフを表示しました。このときの答えが「1」のときだけ金額を5%引きにすればよいのですから、**もし〜なら**を使いましょう。これは**でなければ**の処理が必要ないときに使うブロックです。

3 プログラムの分かれ道を作る

図 4.13「でなければ」の処理が必要ない場合の処理の流れ

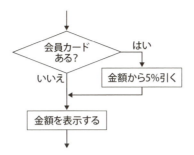

リスト 4.4 会員カードを持っているかどうかで処理を変えるプログラム（list4-4.sb2）

　プログラムができたら、さっそく実行してみましょう。会員カードを持っているときは 1 を、そうでなければ 1 以外のキーを押してください。「1」を入力したときだけ、5%引きの値になるはずです（次ページ図 4.14）。

117

図 4.14 会員カードを持っているかどうかで処理が変わる

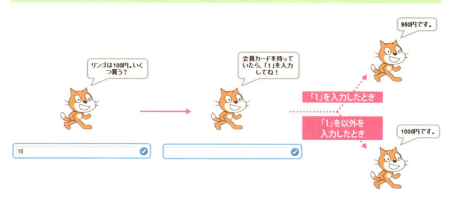

3.2 アカウントとパスワード、正しくないのはどっち?

　ネット通販を利用するには、アカウントとパスワードの両方が一致しなければログインできません。もちろん一度でログインできれば問題ないのですが、そうではなかったときに「アカウントかパスワード、どちらが間違ってたのか教えてよ！」と思ったことはありませんか？

　図 4.15 左は、リスト 4.3 から判定部分のプログラムを抜粋したものです。フローチャートで表すと、図 4.15 右になります。確かにこれでは**アカウントとパスワードの両方が正しい**か「**それ以外**」の 2 つに 1 つしか選べませんね。

図 4.15 リスト 4.3 の判定部分

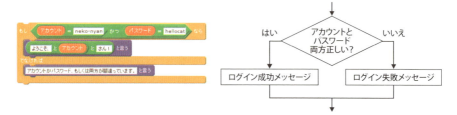

　アカウントとパスワードのどちらが間違っていたかを知らせるには、図 4.16 の

3 プログラムの分かれ道を作る

ように1つずつ判定する必要があります。最初にアカウントを調べて、もしも正しければパスワードのチェックを行いましょう。ここでパスワードが正しければログイン成功、そうでなければログイン失敗です。また、最初のアカウントの判定結果が正しくないときもログイン失敗です。これならばログインできなかった理由も明らかですね。

図 4.16 アカウントとパスワードを1つずつ判定する処理の流れ

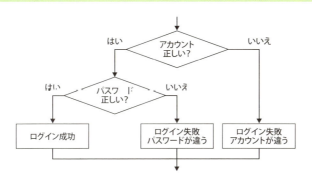

次ページのリスト4.5は、図4.16をもとに作ったプログラムです。 [もし なら] のブロックに、もう1つ [もし なら でなければ] を入れるところがポイントです。外側の [もし なら でなければ] はアカウントの判定、内側の [もし なら でなければ] はパスワードの判定を行うブロックです。

プログラムが完成したら、アカウントとパスワードを正しく入力したとき、アカウントだけ正しく入力したとき、パスワードだけ正しく入力したとき、両方とも間違った値を入力したとき――全部で4パターンを入力してプログラムの動作を確認してみてください。

アカウントを間違えたときは必ず「**アカウントが間違っています。**」というメッセージになりますが、これをアカウントだけが間違っていてパスワードが正しいときは「**アカウントが間違っています。**」、パスワードも正しくないときは「**アカウントとパスワードの両方が間違っています。**」のようにするにはどうすればいいと思いますか？ ぜひ、自分でプログラムを作ってみてください[8]。

---

[8] 外側の［でなければ］ブロックに［もし［[パスワード]=hellocat］なら、でなければ］を挿入し、それぞれのブロックに［[(対応するメッセージ)と言う]］を追加すれば完成です。

リスト4.5 アカウントとパスワードを1つずつ判定するプログラム (→list4-5.sb2)

変数：アカウント　パスワード

```
アカウントを入力してください と聞いて待つ
アカウント を 答え にする
パスワードを入力してください と聞いて待つ
パスワード を 答え にする
もし <アカウント = neko-nyan> なら
    もし <パスワード = hellocat> なら
        ようこそ、と アカウント と さん！ と言う
    でなければ
        パスワードが間違っています。 と言う
でなければ
    アカウントが間違っています。 と言う
```

3.3 「1,000円以上、2,000円未満」を調べる方法

　図4.17は、これから作るプログラムです。まずは動きを説明しましょう。最初にネコが「**リンゴは100円。いくつ買う？**」と問いかけるので、個数を入力してください。その個数をもとに計算した金額を表示した後、次のいずれかのセリフを表示します。あなたなら、どのようにプログラムを作りますか？

```
1,000円未満　　　　　　　　：おまけはありません。
1,000円以上2,000円未満：ミカン1個、おまけだよ！
2,000円以上3,000円未満：ミカン2個、おまけだよ！
3,000円以上　　　　　　　　：ミカン5個、おまけだよ！
```

図 4.17 金額によってセリフを変える

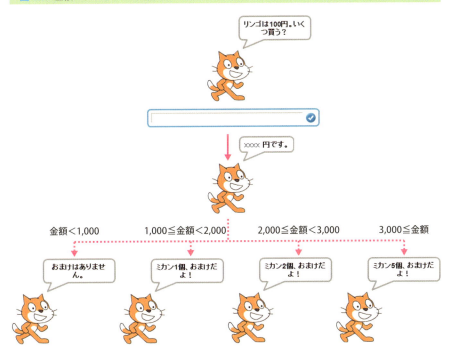

　金額を使った条件判断であることは明らかですね。上から順番に見ていきましょう。もしも金額が 1,000 円未満なら「**おまけはありません。**」、そうでなければ……どうしますか？　この場合は次の 1,000 円以上 2,000 円未満かどうかを調べましょう。この範囲内なら「ミカン 1 個」です。そうでなければ、今度は 2,000 円以上 3,000 円未満かどうかを調べればいいですね。指定した範囲内なら「ミカン 2 個」、そうでなければ「ミカン 5 個」です。文章で考えると頭が混乱しそうですが、次ページの図 4.18[*9] の矢印をたどってみてください。金額が 1,500 円のときに通る道を強調したのですが、ちゃんと判定できていますね。

　今度は ![もし なら] に書く条件式を考えましょう。1 つ目の「金額が 1,000 円未満かどうか」は大丈夫ですね。問題は「**金額が 1,000 円以上、2,000 円未満かどうか**」を判定する条件式です。数直線で表すと、該当する範囲は図 4.19 の色の濃

[*9]　「はい」と「いいえ」の分かれ道を左と右ではなく、下と右に作りました。命令の実行順序を間違えないように、フローチャートには「**はい**」と「**いいえ**」を必ず書き込んでください。

い部分になります。つまり、「金額が 1,000 以上」と「金額が 2,000 円未満」という 2 つの条件式の、両方が正しいときです。ということは？——　かつ　を使えば判定できますね[*10]。「金額が 1,000 円以上」は「金額が 1,000 円と等しい」または「金額が 1,000 円より大きい」の組み合わせですから、最終的に条件式は図 4.20 のようになります。

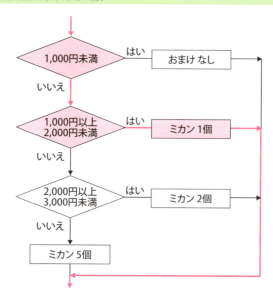

図 4.18 金額で条件判断をする処理の流れ

図 4.19 「金額が 1,000 円以上、2,000 円未満」の範囲

●：その値を含む　○：その値を含まない

リスト 4.6 にプログラム例を示します。個数をいろいろ入力して、正しく判定できているかどうか確認してください。

[*10] [　かつ　] の使い方を忘れてしまった人は、この章の「2.4：「または」と「かつ」の違い」に戻って確認してください。

3 プログラムの分かれ道を作る

図 4.20 「金額が1,000円以上、2,000円未満かどうか」を調べる条件式

リスト 4.6 金額によってセリフを変えるプログラム (→list4-6.sb2)

変数： 値段 個数 金額

```
値段 ▼ を 100 にする
リンゴは と 値段 と 円。いくつ買う？ と聞いて待つ
個数 ▼ を 答え にする
金額 ▼ を 値段 * 個数 にする
金額 と 円です。 と 1 秒言う
もし 金額 < 1000 なら
    おまけはありません。 と言う
でなければ
    もし 金額 = 1000 または 金額 > 1000 かつ 金額 < 2000 なら
        ミカン1個、おまけだよ！ と言う
    でなければ
        もし 金額 = 2000 または 金額 > 2000 かつ 金額 < 3000 なら
            ミカン2個、おまけだよ！ と言う
        でなければ
            ミカン5個、おまけだよ！ と言う
```

Column  の違い

リスト 4.7 は、リスト 4.6 と同じように動くプログラムです。違いは  を組み合わせるのではなく、[もし なら] を 4 つ並べた点です。このプログラムをフローチャートで表すと、図 4.21 になります。金額が 1,500 円のときに通る道を強調しました。図 4.18 と見比べて、命令の実行順序がどう違うのか考えてみてください。

図 4.21 ［もし なら］を 4 つ並べたときの処理の流れ

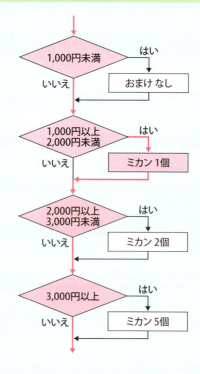

3 プログラムの分かれ道を作る

リスト 4.7 ［もし　なら］を 4 つ並べたプログラム （list4-7.sb2）

変数： 値段　個数　金額

```
値段 ▼ を 100 にする
リンゴは と 値段 と 円。いくつ買う？ と聞いて待つ
個数 ▼ を 答え にする
金額 ▼ を 値段 * 個数 にする
金額 と 円です。 と 1 秒言う
もし 金額 < 1000 なら
    おまけはありません。 と言う
もし 金額 = 1000 または 金額 > 1000 かつ 金額 < 2000 なら
    ミカン1個、おまけだよ！ と言う
もし 金額 = 2000 または 金額 > 2000 かつ 金額 < 3000 なら
    ミカン2個、おまけだよ！ と言う
もし 金額 = 3000 または 金額 > 3000 なら
    ミカン5個、おまけだよ！ と言う
```

　［もし　なら　でなければ］を組み合わせたリスト 4.6（→ 図 4.18）では、「**金額が 1,000 円未満**」、「**1,000 円以上、2,000 円未満**」の順に調べて、ここで答えが正しくなるので「**ミカン 1 個**」を表示して終わりです。一方、リスト 4.7（→ 図 4.21）では「**金額が 1,000 円未満**」、「**1,000 円以上、2,000 円未満**」の順に調べて「**ミカン 1 個**」を表示した後、さらに「**2,000 円以上、3,000 円未満**」、「**3,000 円以上**」の判定も行います。しかし、最後の 2 つは必要のない処理ですね。

　プログラムの実行結果はどちらも同じなんだし、結果オーライ！――もちろん最初はこれでかまいません。そのうちにプログラミングに慣れてきたら、このような細かなところまで目を向けてプログラムを仕上げましょう。効率よく命令を実行しているかどうかは、プログラムの実行速度にも大きく影響するところです。

125

3.4 連続する数値の範囲を利用して処理を分岐する

リスト4.8も、リスト4.6と同じように動くプログラムです。[もし なら、でなければ]を組み合わせている点は同じですが、条件式がとても簡単になっています。たとえば2つ目の条件式は「金額が2,000円未満かどうか」を調べているだけです。「1,000円以上の部分はどこへ消えたの？」と不思議に思いませんか？　それでもプログラムを実行した結果はまったく同じです。その理由を考えてみてください。

リスト4.8 [もし　なら、でなければ]の条件式を簡単にしたプログラム（list4-8.sb2）

変数： 値段　個数　金額

```
値段 ▼ を 100 にする
リンゴは と 値段 と 円。いくつ買う？ と聞いて待つ
個数 ▼ を 答え にする
金額 ▼ を 値段 * 個数 にする
金額 と 円です。 と 1 秒言う
もし 金額 < 1000 なら
    おまけはありません。 と言う
でなければ
    もし 金額 < 2000 なら
        ミカン1個、おまけだよ！ と言う
    でなければ
        もし 金額 < 3000 なら
            ミカン2個、おまけだよ！ と言う
        でなければ
            ミカン5個、おまけだよ！ と言う
```

図4.22は、リスト4.8のフローチャートです。金額が1,500円のときに通る道

を強調しました。上から順に見ていきましょう。最初の条件式は「**金額が1,000円未満かどうか**」です。1,500円は1,000円以上なので、「**いいえ**」の道を進みましょう。ここで「おや？」と気付いた方はいませんか？ 次の条件式は「**金額が2,000円未満かどうか**」なのですが、ここに到達した時点で「**1,000円以上**」であることは確実ですね。だからリスト4.8のような簡単な条件式でも、問題なく判定できたというわけです。

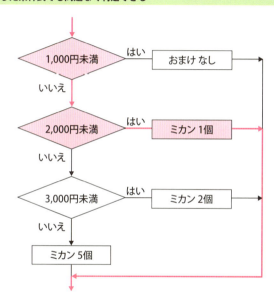

図 4.22 簡単にした条件式でも問題なく判定できる

　やりたいことを実現する方法は1つではない——これまでに何度かそう言ってきたのですが、実感していただけたでしょうか？ 条件判断も、工夫次第でいろいろな書き方ができます。どれが正解で、どれが間違いか、判断するのは難しいのですが、**正しく動くプログラムを作ること**が第一です。その次は**誰が見てもわかるプログラムを書く**ことを意識しましょう。工夫しすぎてよくわからないよりは、多少の無駄があってもわかりやすいプログラムの方が後から見直すときに困りません[*11]。この2つがクリアできて、さらにステップアップというときは、**プログラムの効率**を見直しましょう。金額によっておまけを変えるプログラムなら、条件式が最も簡単なリスト4.8が効率のよいプログラムになります。

[*11] 第3章「4.6：計算式を1つにまとめる」も参照してください。

第4章で学んだこと

○ プログラムの流れを変えるには「きっかけ（条件式）」が必要
○ 条件式を判断した結果は
　必ず「true（正しい）」か「false（正しくない）」になる
○ 条件式に使う主なブロック
　　・ ▭<▭ ：左辺が右辺より小さい
　　・ ▭=▭ ：左辺と右辺が等しい
　　・ ▭>▭ ：左辺が右辺より大きい
　　・ かつ ：両方の条件式が正しい
　　・ または ：どちらか一方の条件式が正しい
○「〜以上」、「〜以下」を調べるときは、
　ブロックを組み合わせて条件式を作る
　　・ ▭=▭ または ▭<▭ ：以下（左辺と右辺が等しいか、
　　　　　　　　　　　　　　　または左辺が右辺より小さい）
　　・ ▭=▭ または ▭>▭ ：以上（左辺と右辺が等しいか、
　　　　　　　　　　　　　　　または左辺が右辺より大きい）
○ 2つの値を比較するときは、「数字」と「数値」の違いに注意する
○ 処理の流れを変える「きっかけ」を作るブロック
　　・「もし〜なら」
　　・「もし〜なら　でなければ」
○ やりたいことを実現する方法は1つではない。大事なことは──
　　・正しく動くプログラムを作ること
　　・誰が見てもわかるプログラムを書くこと
　　・この2つができて、さらに上を目指すときは
　　　プログラムの効率を見直すこと

第5章
ループを使いこなそう

「3回ジャンプする」や「10まで数える」のように繰り返す回数が決まっているときは第2章「5：何度もジャンプさせるには？」に登場した  を利用すればよいのですが、世の中そんなに都合のいいことばかりではありません。たとえば「正しいパスコードが入力されるまで」であれば、何回繰り返されるかわかりません。もしかしたら1回で済むかもしれませんし、5回繰り返してもまだダメかもしれません。

実際に実行するまで繰り返す回数がわからない——この章では、そんな繰り返し構造の作り方を説明します。

第5章 ループを使いこなそう

1 ずーっと繰り返す

　子供の頃に「しりとり」で遊んだ記憶はありませんか？　うまく言葉をつなげれば、いつまでも延々と続けられるゲームです。これを Scratch で作ってみましょう。図 5.1 はプログラムの実行イメージです。ネコが「**しりとりしよう！**」と呼びかけるので、何か言葉を入力してください。ネコがその言葉を言うので、あなたはしりとりの次の言葉を入力しましょう。ネコのセリフは、言葉を入力するたびにどんどん長くなります。さて、どのようにプログラムを作りますか？

図 5.1 しりとりゲームのイメージ

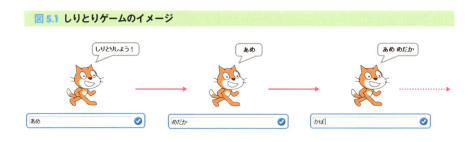

　繰り返して実行する処理は、

これまでに入力した言葉をつなげたものをネコが言って、次のキー入力を待つ

これだけです。キーボードからの入力を待つのですから ［　］と聞いて待つ を使えばいいですね。このときのネコのセリフは、「**これまでに入力した言葉をつなげたもの**」です。たとえば、「**あめ**」と入力したときは「**あめ**」、続けて「**めだか**」と入力したら「**あめ めだか**」、さらに「**かば**」と入力したら「**あめ めだか かば**」です。これまでに使ったブロックで、何か使えそうなものはありませんか？　そう、hello と world がありましたね。これは指定した2つの文字列をつないで、1つの文字列にする命令です。

130

1 ずーっと繰り返す

　これまでに入力した言葉を入れるために、 セリフ という名前の変数を用意してください。変数に値を代入する命令は ▼を にする です。 と聞いて待つ を実行したときにキー入力した値は 答え に入っているので、

セリフ▼ を セリフ と と 答え にする

のようにすると、ネコのセリフはどんどん長くなっていきます（→図5.2）[*1]。最初の セリフ と は、言葉の区切りに空白を入れるためのものです。 にはスペース[*2] を1文字入力してください。 hello と world も、よく見ると「hello 」と後ろに半角スペースが入っていますよ。

図 5.2　しりとりをするたびに「セリフ」に入る言葉が長くなっていく

1文字分のスペースを入力

	セリフ	答え	セリフ と と 答え
1回目	（空）	あめ	あめ
2回目	あめ	めだか	あめ めだか
3回目	あめ めだか	かば	あめ めだか かば

　しりとりゲームは、開始したら延々と実行し続けるプログラムにしましょう。［制御］カテゴリーに ずっと があるのですが、このブロックと他のブロックには大きな違いがあります。どこが違うかわかりますか？（→次ページ図5.3）
　よく見るとブロックの下の部分の形が違いますね。 ずっと は、その後ろに別のブロックを続けることができません。つまり ずっと の処理を開始したら、以降はブロック内の処理を延々と繰り返すだけです。他の処理は一切できません。

[*1]　少し複雑に見えますが、よく見ると図5.2は「合計＝合計＋1」と同じ形の式です（［　＋　］が［hello と world］に置き換わっただけですね）。この式の意味がわからないという人は、第3章「4.8：「合計」に1を足すと「合計」になる？」に戻って確認してください。
[*2]　全角、半角のどちらでもかまいません。

図 5.3 ［ずっと］と通常のブロックとの形の違い

　リスト5.1は、しりとりゲームのプログラム例です。一番最初の ［セリフ▼を□にする］ は、［セリフ］という変数の中身を空（カラ）[*3]にする処理です。□に文字を入れる必要はありません。**Scratchの場合、変数の中身は値を書き換えるまでずっと残ります**。そのため1行目を省略すると、前のゲームで使った言葉に新しい言葉をつなげてしまいます。1行目はそれをクリアするための処理です。このようにプログラムの実行に必要な値を変数に代入する処理を、プログラミングの世界では**変数の初期化**と言います。

リスト 5.1 しりとりゲームのプログラム （◎list5-1.sb2）

変数： ［セリフ］

［セリフ▼を□にする］
［しりとりしよう！ と聞いて待つ］
［ずっと
　　［セリフ▼を ［セリフ］ と □ と ［答え］ にする］
　　［セリフ と聞いて待つ］
］

[*3]　プログラミングの世界では、値が何もない状態を NULL（ヌル）と言います。

1 ずーっと繰り返す

プログラムができたら、子供の頃を思い出して遊んでみてください。ただし、 を使っているので、しりとりを開始したら自分の意志でやめることはできません――と言われたら困りますね。今回はステージ右上のストップボタン（●）をクリックして、プログラムを終了しましょう。

2 ○○まで繰り返す

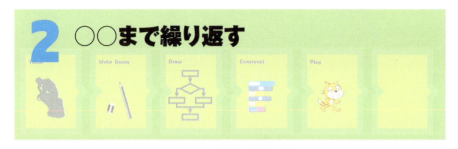

　［制御］カテゴリーにはもう1つ、■まで繰り返す■というブロックがあります。これを利用すると、指定した条件を満たすまで、何度も同じ処理を繰り返して実行することができます。言い換えると、指定した条件を満たせば繰り返しを終了できるということです。条件式の書き方は、■もし〜なら／でなければ■と同じです。書き方に自信のない人は、第4章に戻って確認してください。

2.1 しりとりをやめる「きっかけ」を作る

　図5.4は、リスト5.1の処理の流れを図で表したものです。背景が青色の部分が、繰り返して実行する処理です。第4章「1：「はい」か「いいえ」ですべてが決まる」で、**プログラムの流れを変えるには何かきっかけが必要**だという話をしたのですが、覚えていますか？　図5.4では■ずっと■のブロックに入った後、流れを変えるきっかけがありません。そのため「しりとり」をやめるには、ストップボタンをクリックしてプログラムそのものを停止するしか方法がなかったのですが、なんだか強制終了させたような気がしませんでしたか？

　図5.5は、図5.4に繰り返しをやめる「きっかけ」を追加したものです。次の言葉が空（カラ）のとき、つまり何も文字を入力せずにリターンキーだけ押したときは「**はい**」の道を進むようにしました。これならストップボタンを押さなくても「しりとり」を終わることができますね。

　図5.5のような繰り返し処理は、■まで繰り返す■を使って作ります。今回の例であれば次の言葉が空（カラ）のとき、言い換えると「**次の言葉に空（カラ）が入力されるまで**」という条件になるのですが、どのような条件式を作ればよいでしょう？

図 5.4 リスト 5.1 のプログラムにはやめるきっかけがない

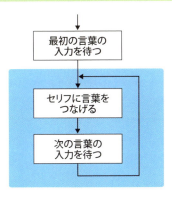

図 5.5 何も入力しなかった場合を「きっかけ」にして繰り返しをやめる

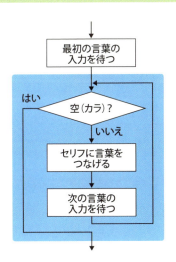

　しりとりゲームでは次の言葉の入力を待つために と聞いて待つ を使いました。このときにキー入力された値はすべて 答え に入るのでしたね。ということは？—— 答え が空（カラ）かどうかを調べればよいということです。［演算］カテゴリーの = を使って左辺に 答え を入れ、右辺は何も入力されていない状態にしてください（→ 次ページ図 5.6）。

図 5.6 ［答え］が空かどうかを調べる

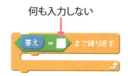

何も入力しない

リスト 5.2 は、図 5.5 をもとに作ったプログラムです。 と違って は、繰り返しの処理を終えた後に次の処理を継続することができます。今回はゲームが終わったことがわかるように、「また遊ぼうね！」と表示しています（→図 5.7）。

図 5.7 何も入力しなければしりとりを終える

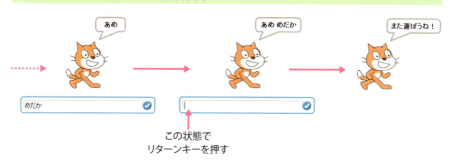

この状態で
リターンキーを押す

リスト 5.2 何も入力しなければしりとりを終えるプログラム（list5-2.sb2）

変数： セリフ

Column の組み合わせ

やりたいことを実現する方法は1つではない——そろそろ耳にタコができてきましたか？ リスト5.3も図5.5を見ながら作ったプログラムです。もちろん、リスト5.2と同じように動きます。違うところは

- [　　まで繰り返す] の代わりに [ずっと] と [もし　　なら] を組み合わせたこと
- もし [答え] が空（カラ）ならば [このスクリプト▼を止める]*4 という命令を実行したこと

の2つです。

リスト5.3 別の考え方で作ったしりとりプログラム（list5-3.sb2）

[このスクリプト▼を止める] は、このブロックを含んだプログラムを停止する命令です。[ずっと] ブロックと同じように、後ろに命令を追加できない形をしています。つまり、プログラム（スクリプト）を停止した後、他の処理は一切できないので注意してください*5。

---

*4 ［制御］カテゴリーにあるブロックです。
*5 続けて処理を継続できないという点で考えると、リスト5.3は図5.5のフローチャートと完全に同じものではありません。

2.2 最後が「ん」のときに終了する

「しりとり」には「ん」で終わる言葉を言った人が負け、というルールがありましたね。これもプログラミングしてみましょう。図 5.8 は、図 5.5 のフローチャートに「**もし入力した言葉の最後が「ん」なら、プログラムを終了する**」という処理を追加したものです。この中で難しいのは、入力した言葉の最後が「ん」と等しいかどうかをどうやって調べるか、ですね。Scratch には文字列の中身を調べる命令があるので、それを使ってみましょう。

図 5.8 入力した言葉の最後が「ん」ならプログラムを終了する処理の流れ

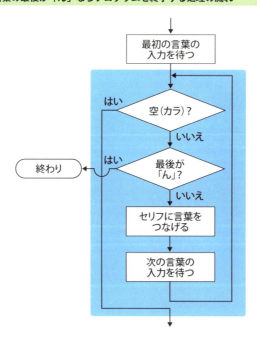

［演算］カテゴリーの中に (1 番目(world)の文字) というブロックがあるので、これをクリックしてみてください。画面に「w」が表示されます（→ 図 5.9 中央）。今度は (2 番目(world)の文字) のように先頭の値を「2」にしてからクリックしてみましょう。「o」が表示されましたね（→ 図 5.9 右）。(3 番目(world)の文字) に変更

してからクリックすると、「r」が表示されるはずです。この命令が何をするものか、わかりましたか？

図 5.9 ［1 番目（world）の文字］を使うと指定した位置の文字を取り出せる

は、に記述した文字列の先頭から数えて○番目の文字を取り出す命令です。これを使ってでキー入力された値（答えに入っています）の、最後の文字を取り出しましょう。最後の文字が何番目の文字かわからない？　それは文字数を数えればわかります。たとえば「あめ」は2文字、「かばん」は3文字です。それぞれ最後の文字は、先頭から数えて2番目、3番目の文字ですね。つまり、「文字数＝最後の文字の位置」です。文字数を調べる命令は［演算］カテゴリーのブロック world の長さ です。値の部分をいろいろ変えて、クリックしてみてください（→図5.10）。あとは2つの命令をうまく使って、「もし 答え の最後が「ん」なら」という条件式を作るだけです。

図 5.10 ［world の長さ］ブロックを試してみる

リスト5.4は、リスト5.2に「もし 答え の最後が「ん」なら、プログラムを止める」という処理を追加したプログラムです。「ん」で終わる言葉を入力したこと

でプログラムを終了したことがわかるように、「おしまい！」と表示するようにしました（→図5.11）。

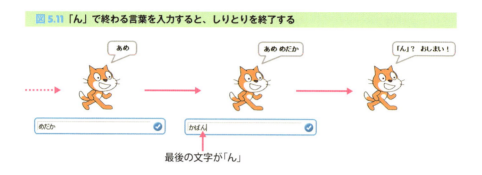

図 5.11 「ん」で終わる言葉を入力すると、しりとりを終了する

リスト 5.4 「ん」で終わる言葉を入力すると、しりとりを終了するプログラム（→list5-4.sb2）

リスト5.4では、ひらがなの「ん」で終わる言葉を入力したときしかプログラムを止めることができません。「カバン」のようにカタカナの「ン」でも終了す

るにはどうすればよいと思いますか？　ヒントは ◆ または ◆ を使う[*6]ことです。ぜひ、チャレンジしてみてください。

2.3 パスコード認証にチャレンジ

スマートフォンのロック解除や銀行の ATM を利用するとき、パスコードや暗証番号を入力しますね。入力した値が間違っているときは、再入力を促されます。リスト 5.5 は、それをまねて作ったプログラムです。実行する前に、どのような動作になるか想像してみてください。なお、パスコードには「2468」が登録されているものとします。

リスト 5.5 パスコードの入力画面を模したプログラム（●list5-5.sb2）

```
ずっと
    ［パスコードを入力してください。］と聞いて待つ
    もし ＜ 答え ＝ 2468 ＞ なら
        ［おめでとう！ ロックを解除します。］と言う
        ［このスクリプト▼］を止める
    
    ［違います。］と 1 秒言う
```

特に難しいプログラムではありませんね。メッセージに従ってパスコードを入力すると、それが正しいかどうかを判定して、正しければ「**ロック解除**」のメッセージを表示してプログラムを終了、正しくなければ「**違います。**」というメッセージを表示した後、再びパスコードの入力を促します（→次ページ図 5.12）。 ［ずっと］ を使っているので、このプログラムは正しいパスコード（リスト 5.5 では「2468」）を入力するか、またはステージ右上のストップボタンをクリックするまで停止できません。

[*6] 繰り返し処理の中の条件判断を［もし［［［［答え］の長さ］番目（［答え］）の文字］＝ん］または［［［［答え］の長さ］番目（［答え］）の文字］＝ン］］なら］にすればいいですね。

図 5.12 パスコードの入力イメージ

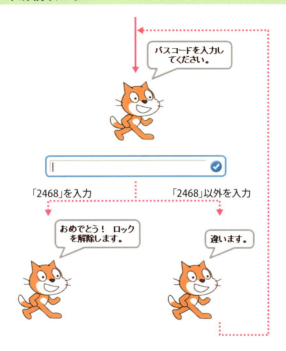

　パスコードや暗証番号は4桁の数字の組み合わせですから、そのパターンは1万通り[*7]です。人間なら全部のパターンを試す前に挫折するところですが、コンピュータには1万通りの組み合わせを試すなんて朝飯前です。何度も試しているうちに正しいパスコードを見つけて、知らない間にデータを抜き取られたら大変な事態になりますね。それを防ぐために、実際のパスコード認証や暗証番号の場合、何度か失敗するとロックがかかって操作できなくなるはずです。リスト5.5にも、その機能を追加しましょう。

　たとえば、3回失敗したらデータを消去してパスコード認証を中止するようにするなら、繰り返しの回数は最大で3回です。その間に正しいパスコードを入力したら、ロックを解除してプログラムを終了すればいいですね。フローチャートで表すと、図5.13になります。

[*7] 各桁に使える数字は0～9の10通り、それが4桁あるのですから10×10×10×10＝10,000通りの組み合わせになります。

2 ○○まで繰り返す

図 5.13 3回失敗したらデータを消去して認証を中止する処理の流れ

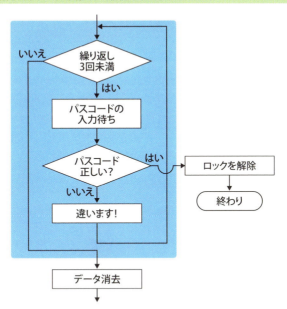

決まった回数の繰り返しですから、[ずっと] ではなく [回繰り返す] を利用しましょう。リスト 5.6 にプログラム例を示します。

リスト 5.6 3回失敗したらデータを消去して認証を中止するプログラム （list5-6.sb2）

2.4 繰り返し処理の組み合わせ

　4桁の数字の組み合わせを、すべて紙に書いてください——考えただけでもうんざりする作業ですね。こんなに単調な作業でもコンピュータは文句も言わず正確に、しかも一瞬で実行します。リスト5.7は4桁のパスコードのうち、下2桁を自動で作るプログラムです。まずは実行して動きを確認してください（→図5.14）。

図5.14 4桁の数字の下2桁を自動で作るプログラムの実行イメージ

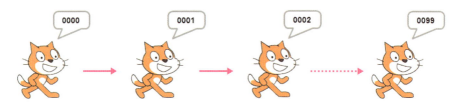

リスト5.7 4桁の数字の下2桁を自動で作るプログラム（→list5-7.sb2）

2 ○○まで繰り返す

リスト 5.7 を実行すると、0000 から 0099 まで連続して値が表示されます[*8]。図 5.15 を見ながら、どうしてこんなことができるのか考えてみてください。

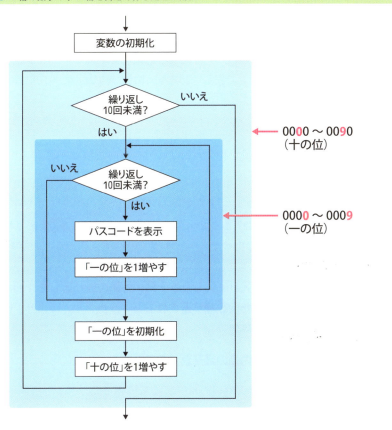

図 5.15 4桁の数字の下2桁を自動で作る処理の流れ

上から順に見ていきましょう。使用する変数は 一の位 、 十の位 、 百の位 、 千の位 の4つです。最初はすべての変数の初期化です。リスト 5.7 では「0」を代入しました。次は 10 回繰り返したかどうかの判定です。繰返した回数が 10 回未満のときは「はい」の道を進みましょう。すると再び 10 回繰り返したかどうかの判定が出てきました。このように繰り返し処理の中にもう 1 つ繰り返しのブロックを入れることを、プログラミングの世界では**二重ループ**や**繰り返し処理の**

[*8] あまりにも早くて見えなかったという人は、[[[[千の位] と [百の位]] と [十の位]] と [一の位] と言う] ブロックの後ろに [0.2秒待つ] を追加しましょう。このブロックは [制御] カテゴリーにあります。

ネスト（入れ子）のように言うので覚えておきましょう。

内側のループに入ると、

[千の位 と 百の位 と 十の位 と 一の位 と言う]
[一の位 を 一の位 + 1 にする] *9

という2つの命令がありますが、何をしているかわかりますか？ パスコードを表示して、[一の位] を 1 増やす——これを 10 回繰り返すのですから 0000、0001、0002……0009 までの値がここで表示されます。10 回繰り返したら内側のループを抜けるので、

[一の位 を 0 にする]
[十の位 を 十の位 + 1 にする]

という命令を実行します。内側のループを抜けた直後の [十の位] は「0」ですから、1 増やすと「0010」ですね。上まで戻って再び内側のループに入ると、今度は 0010、0011、0012……0019 までが表示されます。再び [一の位] を 0 にして、[十の位] に 1 を足して上まで戻って……。すべての処理を終えると「0099」になるのですが、頭が痛くなってきましたか？

大事なことは**繰り返しを入れ子にしたときは、外側の繰り返しを1回実行する間に、内側の処理は指定した回数繰り返される**という点です。つまり、繰り返し処理全体で見れば、内側の処理は

外側の繰り返しの回数×内側の繰り返しの回数

だけ行われます。リスト 5.7 の外側のループは [十の位] を 0 ～ 9 まで更新する処理、内側のループは [一の位] を 0 ～ 9 まで更新する処理です。10 × 10 で全部で 100 回繰り返しが行われています。

リスト 5.7 は 4 桁のうちの下 2 桁だけを更新しましたが、あと 2 つを組み合わせて四重ループを作ると、0000 から 9999 まで 1 万通りの値を画面に表示することができます。ぜひ、チャレンジしてください。ヒントは外側のループから順に [千の位]、[百の位]、[十の位]、[一の位] を 0 ～ 9 まで更新する処理にする[*10]、です。

---

*9　[一の位を1ずつ変える] と同じ処理をする命令です。
*10　ループを抜けた後は、そのループで更新した桁（たとえば [一の位] を更新したときは [一の位]）を忘れずに0に戻してください。この処理を忘れると4桁以上の数字になります。

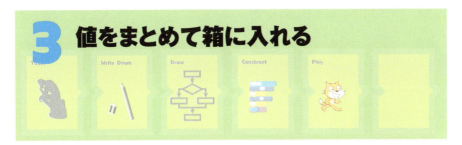

3 値をまとめて箱に入れる

　プログラムで使う値を入れる入れ物には、これまでに使ってきた変数のほかにもう1つ、番号の付いた箱があります。「データ1」、「データ2」、「データ3」……のように順番に番号が振られているので、同じ種類のデータをたくさん扱うときにはとても便利な入れ物です。

3.1 番号付きの箱を利用する

　算数のテストで太郎くんは85点、花子さんは76点、二郎くんは90点をとりました。平均点を求めるプログラムを作ってください。ただし、条件があります。3人の点数は変数に代入して、その変数を使って平均点を求めてください。

　太郎くんと花子さん、二郎くんの点数を合計して3で割る——ここまで勉強してきた知識があれば、それほど難しいプログラムではありませんね。次ページのリスト5.8は 太郎 、 花子 、 二郎 、 合計 、 平均 の、5つの変数を使ったプログラム例です。数字はすべて計算に使うので、必ず半角で入力してください。このプログラムを実行すると、図5.16のように3人の平均点 **83.67** 点が表示されます。

図5.16 3人の平均点が表示された

147

リスト 5.8　3 人の平均点を表示するプログラム （list5-8.sb2）

変数： 太郎　花子　二郎　合計　平均

```
太郎 を 85 にする
花子 を 76 にする
二郎 を 90 にする
合計 を 太郎 + 花子 + 二郎 にする
平均 を 合計 / 3 にする
平均 と言う
```

　今度は太郎くんのクラス全員の平均点を求めてください。ちなみに太郎くんのクラスには 40 人の生徒がいます。A くんは 80 点、B くんは 64 点、C くんは 60 点……。リスト 5.8 と同じ方式でプログラムを作ろうとすると、生徒の点数を入れるだけで 40 個の変数が必要になります。算数のほかに国語の平均点を求めるなら、さらに 40 個の変数が必要です。「そんなに作ってられないよ！」と思いますよね。そう思っていいんです。

　［データ］カテゴリーを見てみましょう（図 5.17 左）。ここに［リストを作る］ボタンがあるので、これをクリックしてください。すると、図 5.17 中央の画面が表示されます。変数を作るときと同じように名前を入力して［OK］ボタンをクリックしてください。たとえば算数の点数を入れるのなら「**算数**」という名前でもいいですね。［OK］をクリックすると、図 5.17 右のようにいろいろなブロックが追加されます。先頭に追加された 算数 にはチェックマークが付いているので、ステージにも 算数 の中身を確認するための領域が表示されました（図 5.17 中央下）。

　ここで作った**リストは番号付きの小箱をまとめて入れる箱**[*11]です。ステージ上に表示された領域（図 5.18 左）を見てください。一番上に「**算数**」と書かれていますね。これが箱の名前です。中央の「**(empty)**」は「空（カラ）」という意味です。また、一番下の「**長さ：0**」の数字は、小箱の数[*12]を表しています。つまり 算数 の箱の中には、まだ小箱が 1 つも入っていない状態です。

[*11]　プログラミングの世界では**配列**と言います。
[*12]　プログラミングの世界では、小箱の数を**配列の要素数**と言います。

図 5.17 新しい「リスト」の作り方

ステージに表示される

よく見ると、箱の左下に［＋］ボタンがありますね。これをクリックすると小箱[*13]が1つ追加され、値を入力できるようになります（→ 図5.18 右）。

図 5.18 算数の箱（リスト）に小箱を追加する

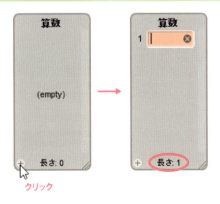

クリック

[*13] プログラミングの世界では、小箱のことを**配列の要素**と言います。

追加した小箱には、太郎くんの点数85を入力しましょう。リターンキーを押して値を確定すると、新しい小箱が追加されます。この箱には花子さんの点数76を入れてください。同じように小箱を追加して、二郎くんの点数90を入れてください。リターンキーを押すと新しい小箱が追加されますが、いま、最後の箱は必要ありません。小箱の右端の［×］ボタンをクリックして、小箱を削除しましょう（→図5.19）。これで 算数 の箱の長さは「3」、つまり小箱が3つ入った状態です。

図 5.19 ［算数］の箱（リスト）に小箱が3つ入ったところ

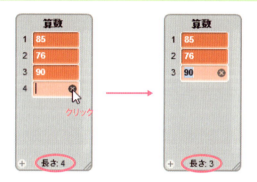

算数 に入れた**小箱には、上から順番に1、2、3という番号**[*14]**が付けられて**いますね。それぞれの小箱の中身は 算数 の1番目、算数 の2番目、算数 の3番目のように、**大きな箱に付けた名前と番号で参照する**ことができます。これがリストの特徴です。

3.2 小箱の中身を確認する

もう一度、図5.19を見てください。算数 の箱（リスト）には小箱が3つあり、1番から順に太郎くん、花子さん、二郎くんの点数が入っていますね。小箱の中身を調べる命令は［データ］カテゴリーの 1▼番目〈 算数 ▼〉 です。ためしにブロックパレット上の 1▼番目〈 算数 ▼〉 をクリックしてみてください。太郎くんの点数が表示されましたね（→図5.20）。 2▼番目〈 算数 ▼〉 のように番号を変更[*15]して

[*14] プログラミングの世界では、小箱に付けられた番号を**添え字**や**インデックス**と言います。
[*15] 参照したい小箱の番号をキー入力してください。

3 値をまとめて箱に入れる

からクリックすると、はな子さんの点数が表示されるはずです。

図 5.20 ［1 番目（算数）］ブロックを試してみる

このブロックを使って 3 人の平均点を計算しましょう。プログラム例をリスト 5.9 に示します。

リスト 5.9 リストを使って 3 人の平均点を計算するプログラム（list5-9.sb2）

変　数： 合計　平均
リスト： 算数

合計 を 1 番目（ 算数 ） + 2 番目（ 算数 ） + 3 番目（ 算数 ） にする
平均 を 合計 / 3 にする
平均 と言う

リスト 5.9 を実行すると、リスト 5.8 と同じ結果 **83.67 点**[*16] が表示されます。しかし、プログラムはちょっと様子が違いますね。2 つのプログラムを見比べて、何が変わったのかを考えてみてください。

大きく変わったのは変数の数です。リスト 5.8 では算数の点数を入れるために 太郎 、 花子 、 二郎 という 3 つの変数を使いましたが、リスト 5.9 はそれが 算数 という名前のリスト 1 つになりました。それに伴って 合計 を計算する式

[*16] 3 人の点数を間違えずに入力していれば、の話です。

も、変数の名前ではなくリスト名と番号を使った式になりました。なお、リスト5.8では変数に点数を代入する処理がありますが、リスト5.9にはありません。これは3人の点数がすでにリストに入っているからです。もちろんプログラムで値を代入することもできます。その方法はこの後の「3.4：小箱の追加と削除」で説明します。

3.3 ループを使って効率よく小箱の中身を調べる

リスト5.8とリスト5.9を見比べてみて、どうでしたか？「変数の数が減っただけじゃないか」と思いますよね。実は、変数の数が減るというのは良いことなんです。なぜなら40人分の平均点を求めるときも、リストを使ったリスト5.9なら値を入れる箱は 算数 と 合計 、 平均 の3つで済むでしょう？ 変数だけでこのプログラムを作るとしたら、点数を入れるための変数を40個、それから 合計 と 平均 で、全部で42個用意しなければなりません。これは大変ですね。

しかし、リスト5.9ではリストの効果を十分に発揮できていないのも事実です。その理由は、**せっかく小箱に番号が付いているのに、それを活用していないから**です。

図5.21は、リスト5.9の 合計 を計算する式を3つに分けた様子[*17]です。1行で済む計算を、なぜ分けたと思いますか？ なお、先頭の 合計▼を 0 にする は、3人の合計を入れる変数を初期化する処理です。Scratchの場合、変数の中身は値を書き換えるまでずっと残っている[*18]ので、これを省略すると、前に計算した合計に再び3人の点数を足すことになるので注意してください。

合計 に値を代入する3つの式は、番号が違うだけであとはまったく同じ命令です。しかも番号は1、2、3と1つずつ増える連続した値です。ということは？合計を計算するときに、決まった回数を繰り返す［制御］カテゴリーのブロック 回繰り返す が使えそうですね。

[*17] ［合計を［［合計］+［1番目（算数）］］にする］の意味がわからない人は、第3章「4.8：「合計」に1を足すと「合計」になる？」に戻って確認してください。

[*18] この章の「1：ずーっと繰り返す」のしりとりゲームのプログラム（→リスト5.1）もあわせて参照してください。

図 5.21 ［合計］を計算する式を 3 つに分けた様子

　繰り返す回数は 算数 に入っている小箱の数です。これは 算数の長さ [*19] で調べられます。あとは何番目の箱か、その番号を覚えておくための変数を 1 つ用意して、合計に点数を加算するたびにその値を 1 つずつ増やしていくだけです（→図 5.22）。

図 5.22 小箱の個数分繰り返して、小箱の値を順番に足していく処理の流れ

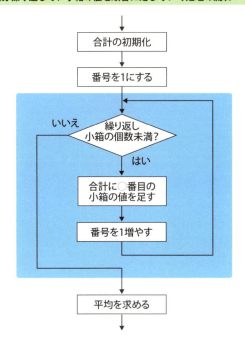

[*19] このブロックは 1 つ目のリストを作ったときに［データ］カテゴリーに追加されます。

リスト 5.10 は、リスト 5.9 の改良版です。小箱の番号を管理するために インデックス という名前の変数を作成してください。先頭の小箱から順に値を参照するので、 インデックス の初期値は「1」です。合計に点数を加算したら、 インデックス を 1 ずつ変える [*20] を実行しましょう。これで インデックス は 1、2、3……のように1つずつ増えていきます[*21]。

リスト 5.10 リストと繰り返し処理を使って平均点を求めるプログラム（list5-10.sb2）

変　数： 合計　インデックス　平均
リスト： 算数

```
合計 を 0 にする
インデックス を 1 にする
算数 の長さ 回繰り返す
    合計 を 合計 + インデックス 番目( 算数 ) にする
    インデックス を 1 ずつ変える
平均 を 合計 / 算数 の長さ にする
平均 と言う
```

リストと繰り返し処理を使ったプログラム、いかがですか？ リスト 5.9 の計算方法では 40 人分の合計を求める式がとても長くなりますが、リスト 5.10 のようにリストと繰り返し処理を組み合わせると、プログラムをまったく変更せずに 40 人分でも 100 人分でも合計を求めることができます。ためしにリストにあといくつか値を追加して、リスト 5.10 を実行してみてください（図 5.23）。値が増えても、ちゃんと平均が求められたでしょう？

---

*20 このブロックは 1 つ目の変数を作ったときに［データ］カテゴリーに追加されます。なお、このブロックは［インデックスを[インデックス]+1にする］と同じ処理をする命令です。
*21 このように変数の値を決まった値ずつ（この例では 1 つずつ）増やすことを、プログラミングの世界では**インクリメント**と言います。

3 値をまとめて箱に入れる

図 5.23 リストに小箱を追加して、リスト 5.10 を実行してみた

3.4 小箱の追加と削除

　［データ］カテゴリーで最初のリストを作ると、リストを操作するための命令がブロックパレットに追加されます（→ 図 5.24）。

図 5.24 リストを作成したときに追加されるブロック

　この中の [thing を 算数 に追加する] は、リストに小箱を追加して値を代入する命令で

す[22]。ためしに thing の代わりに半角数字を入力[23]した後、ブロックをクリックしてみてください。入力した値が 算数 の一番下に追加されましたね（→図5.25）。

図 5.25 「thing」の代わりに値を入力すると、その値が入った小箱が追加される

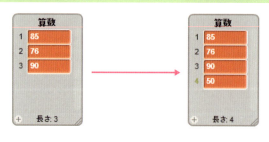

また、 は、指定した番号の小箱をリストから削除する命令です。小箱を削除した後は、以降の番号が更新されます。たとえば図5.26のように2番の小箱を削除した後は、3番目の小箱が2番、4番目の小箱が3番になります。削除した番号が欠番になるわけではありません。

図 5.26 2番の小箱を削除すると番号が詰められる

[22] thing は「もの」という意味です。
[23] ［算数］は点数を入れるための領域なので、新たに追加する値も数値データでなければなりません。リストに入れられる値については、この後の「3.6：リストを使うときに注意すること」の説明を参照してください。

3.5 足し算専用電卓を作ろう

　ここまでのところで、**リストは番号付きの小箱を管理する入れ物**であること、**繰り返し処理と組み合わせると、すべての小箱の中身を効率よく調べることができる**こと、**プログラムから小箱を追加したり削除したりできる**ことを学びました。最後にこれまでの知識を総動員して、足し算専用電卓を作ってみましょう。図5.27は、その実行イメージです。

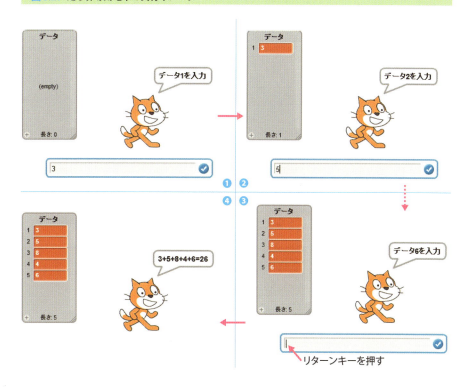

図 5.27 足し算専用電卓の実行イメージ

　プログラムを実行すると「**データ1を入力**」と表示されるので、半角数字を入力してリターンキーを押してください。続けて「**データ2を入力**」と表示されます。値を入力してリターンキーを押してください。この処理は、空（カラ）を入

力する*24 まで繰り返されます。データの入力を終えると、これまでに入力した値を使った計算式と答えが表示されます。さて、あなたならどのように作りますか？

図 5.28 は、足し算専用電卓に必要な処理を順番に書き出したものです。

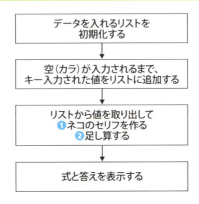

図 5.28 足し算専用電卓に必要な処理とその流れ

1つずつ内容を見ていきましょう。

計算に使う値を入れるリストを初期化する

変数と同じように、リストに代入した値はいつまでも残ります。間違った計算をしないように、最初にリストの中の小箱を全部削除しておきましょう。Scratchにはとても便利な命令があって、[すべて▼番目を ▼から削除する]*25 を実行する*26 だけで全部の小箱を削除することができます。

---

*24 値を入力せずにリターンキーだけを押すことです。
*25 削除する小箱の番号をキー入力する代わりに、リストから［すべて］を選択してください。
*26 ［［(リスト名)の長さ］回繰り返す］と［1番目をリスト名から削除する］を組み合わせても、同じことができます。

キー入力した値をリストに追加する

　■と聞いて待つ を実行して、キー入力された値をリストに追加する——この処理を、空（カラ）が入力されるまで繰り返してください。空（カラ）が入力されるまで繰り返す処理は、この章の「2.1：しりとりをやめる「きっかけ」を作る」でやりましたね。それをそのまま使いましょう（→図5.29）。ただし、ネコのセリフは「**データ（小箱の番号）を入力**」になるように工夫してください。

図 5.29 空（カラ）が入力されるまで繰り返す処理の流れ

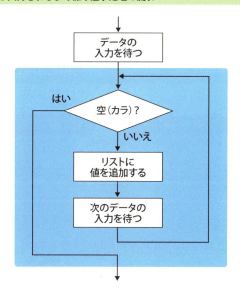

リストから値を取り出して利用する

　リストに追加した全データを調べるために、■回繰り返す を使いましょう。これはこの章の「3.3：ループを使って効率よく小箱の中身を調べる」でやりましたね。繰り返しの中でやることは2つ、1つはネコのセリフを作ること、もう1つは足し算です。

　まずはネコのセリフですが、小箱の中身を使って「○＋○＋○……」のような式を吹き出しに表示するには、■と■ を使って値を次々つなげていけばいいですね。これは「しりとりゲーム」[*27]でやったことと、ほぼ同じです。言葉の区切

[*27] この章の「1：ずーっと繰り返す」を参照してください。

りの空白の代わりに、今回は+記号を間に挿入しましょう。ただし、先頭の値だけは注意が必要です。たとえば計算式を代入する変数の名前が 式 で、その内容が空（カラ）のときに

[式▼を 式 と + と 3 にする]

を実行すると 式 の中身は「+3」になります。つまり、「+3+5+8……」のように先頭が必ず「+」の式になってしまう*28 のです（→図5.30）。足し算の式としては、少し不自然ですね。

図 5.30 変数が空のとき、先頭が必ず「+」の式になってしまう

[式▼を 式 と + と インデックス 番目(データ▼) にする]

インデックス	式	インデックス 番目(データ▼)	式 と + と インデックス 番目(データ▼)
1 回目	（空）	3	+3
2 回目	+3	5	+3+5
3 回目	+3+5	8	+3+5+8

これを防ぐには 式 の中身が空（カラ）かどうかを調べて、空（カラ）のときは 式 に先頭の小箱の値を代入、それ以外のときは 式 に+記号と値を追加という処理にすれば大丈夫です。

もう1つの処理は足し算ですが、これは問題ありませんね。「3.3：ループを使って効率よく小箱の中身を調べる」で作ったものがそのまま使えます（→図5.31）。

---

*28 実は、しりとりゲームでネコが言うセリフの先頭にはスペースが入っています。+記号と違って、画面に見えていなかったのです。

図 5.31 ［式］が空かどうかで「+」を付けるかどうか判断する

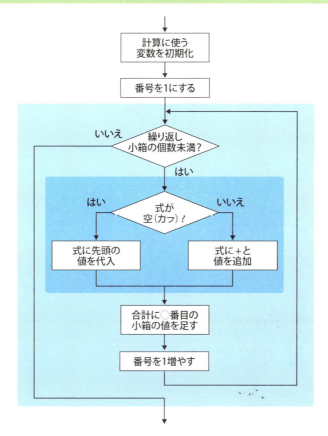

式と答えを表示する

　最後は「○ + ○ + ○……= 合計」を表示する処理です。 式 と = 記号、 合計 を全部つなげたセリフを作って、ネコに発表してもらいましょう。

　次ページのリスト 5.11 に、プログラム例を示します。 データ という名前のリストを作って、ここに足し算に使う値を入れました。また、 インデックス は小箱の番号、 式 は計算式、 合計 は足し算の答えを入れる変数です。プログラムができたら、実行してみましょう。うまく足し算できれば万々歳です！

リスト 5.11 足し算専用電卓のプログラム （list5-11.sb2）

変　数： インデックス　式　合計
リスト： データ

- すべて▼番目を データ▼ から削除する
- インデックス▼ を 1 にする … ［データ］の初期化
- データ と インデックス と を入力 と聞いて待つ
- 答え = □ まで繰り返す
  - 答え を データ▼ に追加する
  - インデックス▼ を 1 ずつ変える … ［データ］に値を追加
  - データ と インデックス と を入力 と聞いて待つ
- インデックス▼ を 1 にする
- 式▼ を □ にする … 計算前の初期化
- 合計▼ を 0 にする
- データ の長さ 回繰り返す
  - もし 式 = □ なら
    - 式▼ を インデックス 番目（ データ▼ ）にする
  - でなければ
    - 式▼ を 式 と + と インデックス 番目（ データ▼ ）にする … 計算
  - 合計▼ を 合計 + インデックス 番目（ データ▼ ）にする
  - インデックス▼ を 1 ずつ変える
- 式▼ を 式 と = と 合計 にする … 式を作って答えを表示
- 式 と言う

Column プログラムにコメントを付ける

　リスト 5.11 を作ってみて、いかがでしたか？　ずいぶん長いプログラムが作れるようになりましたね。しかし、プログラムが長くなってくると、どこで何をしているのかがわからなくなってくるのも事実です。それを防ぐために、プログラムにメモ書きを残しておきましょう。プログラミングの世界では、これを**コメント**と言います。

　スクリプトエリアのあいている領域で右クリックし、表示されるメニューから［コメントを追加］を選択してください。付箋のようなものが表示されて、文字を入力できるようになります[*29]（→図 5.32）。左上隅の［▼］ボタンをクリックすると、領域を 1 行分の高さにすることができます。

図 5.32　コメントを追加することができる

　また、ブロックの上で右クリックしてコメントを追加すると、ブロックとコメントを結ぶ線が表示されます。これを利用すれば、どこで何をしているかがよくわかりますね（→次ページ図 5.33）。

　不思議なことに、一所懸命考えて苦労して作り上げたプログラムも、時がたつとその内容は忘れてしまうものなのです。後からプログラムを見直したときに、「なんでこんなところで、こんなことをしているんだろう？」と首をひねることにならないように、コメントは積極的に書くようにしましょう。

[*29]　コメント欄に表示されている「add comment here...」は、入力したコメントで置き換えられます。

図 5.33 コメントを追加したところ

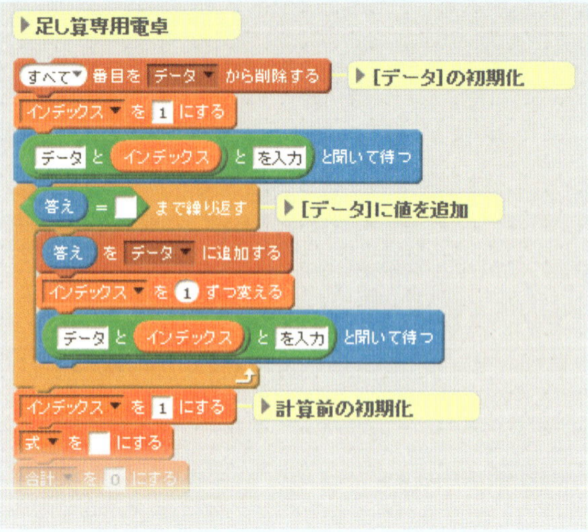

3.6 リストを使うときに注意すること

　新しいリストを作るときは、必ずリストの名前を入力しなければなりません。算数の点数を入れるなら「**算数**」、足し算に使う値を入れるなら「**データ**」のような名前です。もし、これらのリストに「**あめ**」や「**めだか**」、「**かば**」のような言葉を入れたらどうなると思いますか？

　実はScratchの場合、数値データと文字データを1つのリストに入れても何も問題はありません。たとえばリスト5.11を実行して「**あめ**」、「**3**」、「**めだか**」、「**5**」、「**かば**」の順に値を入力しても、計算に使える数値だけを拾って答えを出してくれます（●図5.34）。でも、それでいいのでしょうか？　足し算電卓で計算に使う値を入れるために データ という名前のリストを作ったのに、そこに関係のない値が入ってきたら、頭の中が混乱しませんか？

図 5.34 Scratch では数値データ以外を入力しても計算してくれる

　リストには同じ意味を持ったデータを入れる——これがリストを使うときのルール[*30]です。しりとりに使った言葉を保管しておきたいのなら、 単語 や しりとり のような名前のリストを作って、そこに値を登録しましょう。もちろん、このリストに登録するのは文字データだけですよ。

[*30] 本格的なプログラミング言語では、配列（Scratch のリストと同じものです）に違う種類のデータを入れることはできません。いつか本格的なプログラミング言語を使うときにとまどわないように、今からこのルールはきちんと守るようにしましょう。

第5章で学んだこと

○ 繰り返しの方法は2種類
　・回数を決めて繰り返す
　・繰り返しをやめる「きっかけ」があるまで繰り返す
○ 繰り返しを作るブロック

○ 繰り返し処理を入れ子にすると、内側のブロックに書いた処理は
　「外側の繰り返しの回数 × 内側の繰り返しの回数」だけ実行される

○ 同じ種類のデータをたくさん扱うときは、「リスト」という入れ物を使う
○ リストは番号付きの小箱を管理する大きな入れ物
○ 小箱には 1、2、3……のように番号が振られているので、
　繰り返し構造と組み合わせて使うと中身を効率よく参照できる

○ 処理内容を記したメモ書き（コメント）をプログラムに残しておくと、
　後から見たときにわかりやすい

第 **6** 章
アニメーションにチャレンジ

　プログラムを作るために最低限必要なことは、第5章まででですべて勉強しました。ここまでの知識があれば、どんなプログラムでも作れます！　というのは少し言い過ぎかもしれませんが、もっと上を目指すための基礎体力はバッチリついています。
　そろそろネコとの会話にも飽きてきたでしょうし、この章ではゲーム・プログラミングに欠かせない「動き」にチャレンジしましょう。

第6章 アニメーションにチャレンジ

「動く」ってどういうこと?

　スマートフォンやPCで、ゲームをしたことはありますか? 世の中にはいろいろなコンピュータ・ゲームがありますが、どんなゲームにも共通することが1つだけあります。それは**画面の中の何かが動く**ということです。キャラクターが縦横無尽に走ったり、上からブロックが落ちてきたり、将棋の駒が動いたり……。とにかく画面に動きのないゲームはありませんね。

　何か工夫しないと、画面の中のものは動かないはずです。これまでもステージ上のネコは、セリフはしゃべっても、ほとんど動きませんでした。では、どうすれば動くのか、考えたことはありますか? 逆に、私たちは何を見て「動いた」と判断していると思いますか? 簡単ですね。そのものの位置が変わったり形が変わったり、とにかく何かが変化したときです。それを見て私たちは「動いた!」と判断しています。

　コンピュータ・ゲームも同じです。**動かないものを動いているように見せるには、位置を変えたり、形を変えたりすればよい**のです。

2 パラパラ漫画のアニメーション

パラパラ漫画を知っていますか？　少しずつ位置や形を変えた絵をたくさん用意して、それを連続的に素早く表示すると残像[*1]効果で動いているように見えるというアレです[*2]。用意する絵が多いほどストーリー性のあるもの[*3]になりますが、それは「動きを表現する」という本来の目的から離れてしまいます。ここではパラパラ漫画の基本だけ説明するので、たくさんの絵を使ったアニメーションは、あとからゆっくりチャレンジしてください。

2.1 ポーズを変えて、その場で駆け足

　形の違う2枚の絵を、交互に素早く表示するだけで動いているように見える——本当に？　と疑いたくなりますが、これがパラパラ漫画の原理です。まずはネコにその場で駆け足してもらいましょう。

　ステージの下、スプライトリストを見るとステージ上のネコが選択されているはずです（➡次ページ図6.1左下の囲んだ部分）。この状態で［コスチューム］[*4]タブをクリックしてください。画面の右側が図6.1のようになり、画面中央にネコがもう1匹出てきます。

　これまで私たちが見てきたのは「コスチューム1」のネコです。そしてもう1つの「コスチューム2」は手足の位置が少しだけ違いますね。Scratchが用意しているスプライトの中には、このネコのように異なるポーズが登録されているも

[*1] 刺激が消えた後も、それが残っていると感じることです。
[*2] ここ以降の奇数ページ番号のそばに10ページ程度のパラパラ漫画があります。ページをめくって動きを確認してください。
[*3] 映画やテレビアニメも、仕組みはパラパラ漫画と同じです。ビデオのコマ送り機能を利用すると、映像を静止画で確認できるでしょう？
[*4] ステージで着る「衣装」という意味ですが、Scratchではスプライトのポーズ（姿勢や形）をコスチュームと呼んでいます。

の[*5]がたくさんあります。これらを使えば簡単にパラパラ漫画が作れるという点でも、Scratchは魅力的でしょう？

図6.1 ネコのコスチュームは2つある

［スクリプト］タブをクリックして、プログラムの編集画面に戻りましょう。［見た目］カテゴリーの中に 次のコスチュームにする があるので、これをクリックしてみてください。クリックするたびにネコのポーズが変わりますね（→図6.2）。

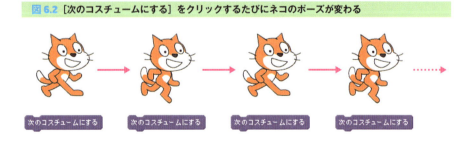

図6.2 ［次のコスチュームにする］をクリックするたびにネコのポーズが変わる

リスト6.1は、2つの絵を0.2秒間隔で交互に表示するプログラムです。

[*5] 動物と人のスプライトの多くは、コスチュームが複数登録されています。

「ずっと」を使っている理由はわかりますか？ プログラムを開始してからストップボタンをクリックするまで、ずーっとその場で駆け足してもらうためです。「0.2 秒待つ」の値を変更して、動きがどのように変化する[*6]か確認しましょう。どうですか？ たった2枚の絵でも、ちゃんと動いているように見える[*7]でしょう？

リスト 6.1 ネコがその場で駆け足するプログラム（list6-1.sb2）

2.2 背景を動かす

　リスト 6.1 を実行すると、確かにネコは駆け足を始めます。しかし、「その場で」駆け足しているようにしか見えません。その理由、わかりますか？ 答えは「まわりの景色が変わらないから」です。

　それならば、ステージに背景を表示しましょう（次ページ図 6.3）。ネコの位置を変えずに背景を右から左に動かすと……、ネコは左から右に向かって動いているように見えませんか？ せっかくリスト 6.1 で、その場で駆け足するプログラムを作ったのですから、そこに背景を動かす処理を追加しましょう。

　とは言っても、背景を動かすのは大変な作業です。ステージよりも大きな背景を用意して、少しずつ位置をずらして表示したとしても、いつかはステージを通り越して再び真っ白なステージになってしまいます。そこで、今回は背景もパラパラ漫画にしてしまいましょう。2枚の異なる絵を素早く交互に表示することで、背景を動いているように見せるのです。

[*6] 値を小さくすると速く、大きくするとゆっくり歩いているように見えます。
[*7] スプライトの中には、コスチュームが3つ以上登録されているものもあります。リスト 6.1 を使えばいろいろなパラパラ漫画が楽しめるので、ぜひ試してみてください。なお、ネコ以外のスクリプトを使う方法は、第 7 章「3：複数のスプライトを利用しよう」を参照してください。

第6章 アニメーションにチャレンジ

図 6.3 背景を動かして、ネコが左から右に向かって動いているように見せる

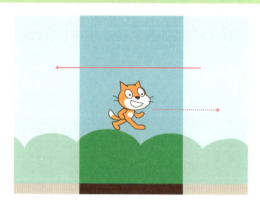

画面左下のステージリストで［ステージ］をクリックしてください。続いて［背景］タブをクリックすると、背景を描画できるようになります（→図6.4）。

図 6.4 ［背景］タブをクリックすると、画像の編集画面に切り替わる

絵心のある人は、用意されているツールを使って背景を描きましょう。そうでない人は、編集エリアの上部にある［追加］ボタンをクリックしてください。Scratchに用意されている画像を選ぶことができるようになります（→図6.5）。

2 パラパラ漫画のアニメーション

図 6.5 Scratch に用意されている画像を選ぶ

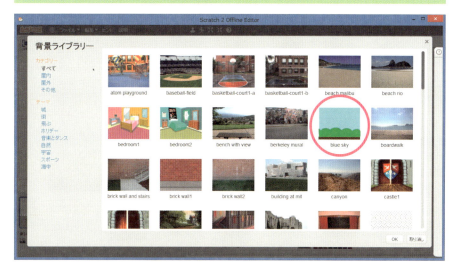

今回はこの中の「blue sky」を使います。画像を選択して［OK］ボタンをクリックしてください。選択した画像が編集エリアに表示されます。画像が描画領域にぴったり重なるように、位置を調整[*8]してください。編集エリアの左上隅のテキストボックスは、背景画像の名前です。後でわかるように「blue sky」にしましょう（➡次ページ図 6.6 の❶）。背景リストの［blue sky］をクリックする（➡図 6.6 の❷）と、ステージにも背景が反映されます（➡図 6.6）。

もう 1 つ、新しい背景を追加しましょう。背景リスト上部の［ライブラリーから背景を選択］ボタン（🖼）をクリックして、先ほどと同じように「blue sky」を選択してください（➡次ページ図 6.7）。これで、まったく同じ背景が 2 つできました。

[*8] パラパラ漫画の要領で背景の表示を切り替えたとき、ステージに余白があるとチラついているように見えます。それを防ぐための位置調整です。

図 6.6 ［blue sky］をクリックしてステージにも背景を反映させる

図 6.7 さらに新しい背景を追加する

　しかし、同じ絵を交互に表示したところで動いているようには見えません。では、どうするか？　幸いにも「blue sky」は緑色のポコポコした形がそれぞれ違いますね。これを利用しましょう。画面上部に［左右を反転］ボタン（ ）がある

ので、これをクリックしてください（➡ 図 6.8 右上の丸で囲んだ部分）。これで微妙に緑のポコポコが違う背景が 2 枚できました。パラパラ漫画の準備完了です。

図 6.8 2つ目の「blue sky」の左右を反転させる

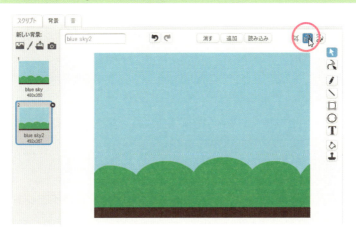

　もう一度、スプライトリストでネコをクリックした後、［スクリプト］タブをクリックしてプログラムの編集画面を表示してください。リスト 6.2 は、リスト 6.1 に `背景を 次の背景 にする` を追加したプログラムです。この命令を実行するだけで、2 枚の背景を交互に表示することができます。

　プログラムを実行すると——いかがですか？ 草原の中をネコが走っているように見えませんか？

リスト 6.2 草原の中をネコが走るプログラム （list6-2.sb2）

Column スプライトとステージ、編集画面の関係

　編集画面（→図 6.9 の画面右側）は、スプライトリストで選択中のスプライト、またはステージのプログラムや背景画像を編集する領域です。

　まず、編集対象のスプライトまたはステージをリストから選択してください（→図 6.9 画面左下）。その後、プログラムを編集するときは［スクリプト］タブを、スプライトの画像を編集するときは［コスチューム］タブを、ステージの背景画像を編集するときは［背景］タブをクリックしてください。対応する編集画面が表示されます。図 6.9 は、ネコ用のプログラムを編集している状態です。

図 6.9 ネコ用のプログラムを編集している様子

2.3 大きさを変える

　もう1つ、Scratchならではの便利な機能を使って、前後に動くアニメーションを紹介しましょう。

　私たちは遠くにあるものは小さく、近くにあるものは大きく見えることを知っています。それならば、ステージ上のネコも小さく表示すれば遠くに、大きく表示すれば近くにいるように見えると思いませんか？

　これまでに大きさを変えていないのであれば、ステージ上のネコの大きさは「100」[*9]です。［見た目］カテゴリーに `大きさを 10 ずつ変える` があるので、これをクリックしてください。ほんの少しですが、大きくなりましたね。

　次ページのリスト6.3は、連続して大きさを10ずつ変えるプログラムです。せっかくですから、背景も変えましょう。編集エリアに背景の編集画面を表示して［ライブラリーから背景を選択］ボタンをクリックし、ライブラリーから「rays」を選択してください（→図6.10）。準備ができたらプログラムを実行しましょう。その前に、どのような動きになるか想像してくださいね。

図 6.10 背景を「rays」にする

[*9] 「100%の大きさ」という意味です。

リスト6.3 ネコが遠くから走ってくるように見えるプログラム (list6-3.sb2)

　遠くの方からネコが走ってくるように見えませんか？　そしてネコは、ステージからはみ出して大きさが変わらなくなっても、まだ走り続けています。これはちょっとかわいそうですね。[調べる] カテゴリーに ▼に触れた というブロックがあります。これを使って、ステージの端に触れたら今度は遠ざかる動きにしてみてください。ただし、ずーっと遠くに行ってしまうのも困ります。ネコの大きさが30以下になったら、再び近づいてくるようにしましょう。これをフローチャートで表すと、図6.11になります。 ずっと の繰り返しの中に、大きくする繰り返しと小さくする繰り返しが入っているのがポイントです。それぞれのループを抜けたときにネコの休憩時間（ 1秒待つ ）を設けました。

　ところで、2つ目の繰り返しの終了条件を「**大きさが30以下ならば**」にした理由はわかりますか？「**大きさが30と等しければ**」でもよさそうな気がしませんか？　残念ながら、それではネコがずーっと遠くに行ったまま戻ってこないことがあるのです。どんなときにその現象が起こると思いますか？

　図6.11ではネコの大きさを±10ずつ変えていますね。最初のネコの大きさが100であれば、プログラムを実行しているうちに大きさが30になりますが、そうでないときはどうでしょう？　もしも最初のネコの大きさが98だったら、いつまでたっても大きさが30になることはありません。そのため「**大きさが30と等しければ**」という条件を満たすことがないので、ネコは小さく小さくなってずーっと遠くに行ってしまうのです。「**大きさが30以下ならば**」という条件であれば、大きさが28になった時点で繰り返しから抜けられます。「○○以下」の条件式の作り方[*10]は覚えていますか？　ヒントは ◇または◇ です。なお、ネコの大きさは [見た目] カテゴリーの 大きさ に入っているので、これを使って条件式を作りましょう。

[*10] 忘れてしまったという人は第4章「2.3：1,000円以上のときに「おまけ」するには？」に戻って確認してください。

2 パラパラ漫画のアニメーション

図 6.11 ネコが近づいたり遠ざかったりする処理の流れ

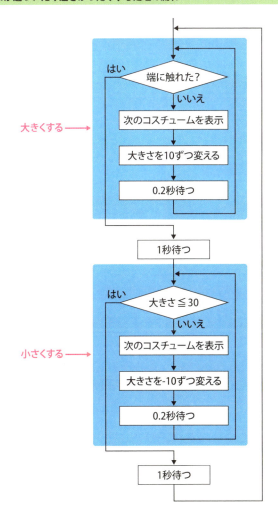

　次ページのリスト 6.4 は、図 6.11 をもとに作ったプログラムです。このプログラムを実行したとき、ネコが近づいたり遠ざかったりしたら成功です。どうすればもっと速く近づいたり遠ざかったりするか[*11]、また、足踏みの速度[*12] を変える

*11　［**大きさを 10 ずつ変える**］の値を変えてみましょう。
*12　大きさを変えた後の［**0.2 秒待つ**］の値を変えてみましょう。

にはどうすればよいか、いろいろ値を変えて研究してみてください。

リスト 6.4 ネコが近づいたり遠ざかったりするプログラム（list6-4.sb2）

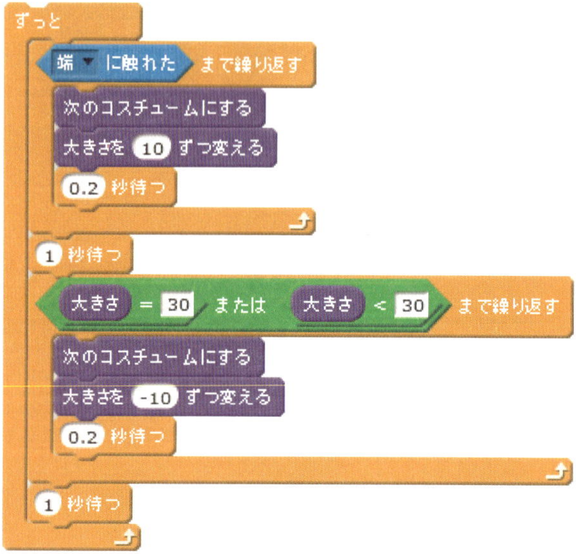

```
ずっと
    端 に触れた まで繰り返す
        次のコスチュームにする
        大きさを 10 ずつ変える
        0.2 秒待つ
    
    1 秒待つ
    大きさ = 30 または 大きさ < 30 まで繰り返す
        次のコスチュームにする
        大きさを -10 ずつ変える
        0.2 秒待つ
    
    1 秒待つ
```

Column 駆け足アニメに不要な背景が表示される!

　ここまでのプログラムをすべて1つのファイルに作った場合、再びリスト6.2を実行すると……大変です！ 草原の背景とはまったく違う「rays」が途中で挿入されるために、目がチカチカします!!（→図6.12）

図 6.12 再びリスト 6.2 を実行すると「rays」が途中で挿入されてしまう

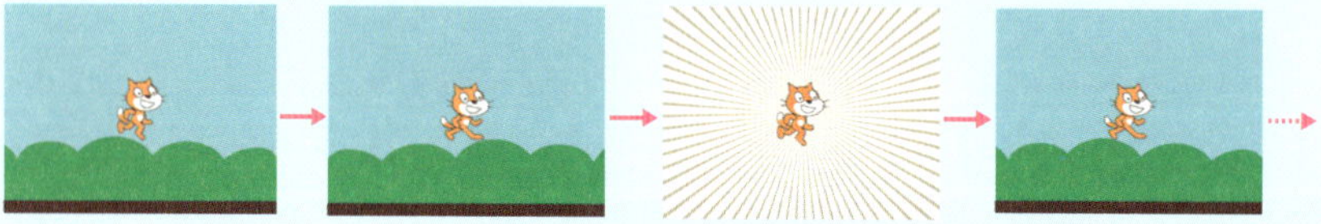

　この現象が起こる原因は、2つあります。

2 パラパラ漫画のアニメーション

- 背景が3つあること（→ 図6.13）
- リスト6.2で背景を変更するときに 背景を 次の背景 にする を使っていること

図6.13 1つのファイルに背景が3つ登録されている状態

　ここまでのプログラムをすべて1つのファイルに作ったのであれば、背景は図6.13のように3つ登録されています。このうちリスト6.2の駆け足アニメーションで必要なのは、上の2つだけですね。しかし、リスト6.2で背景を交互に表示するために使った 背景を 次の背景 にする は、背景リストに登録されている背景を順番に表示する命令です。これでは目がチカチカするのも当然です。

　リスト6.5は、リスト6.2の改良版です。コスチュームを変更した後、次に表示する背景を名前で指定しました。背景の名前は、画像の下に表示されているので確認してください。

リスト6.5 背景を名前で指定するように改良したプログラム（→list6-5.sb2）

なお、ステージの背景には、背景リストで選択されている画像が表示されます（図6.13の場合は「blue sky」）。しかし、背景を変更するプログラムを実行した後、どれが選ばれるかはプログラムを停止したタイミングで変わります。そのためリスト6.3やリスト6.4を実行する段階で、草原が表示されている可能性もあります。もちろん図6.13の画面で「rays」を選択してからプログラムを実行すればよいのですが、毎回となると面倒ですね。

リスト6.3とリスト6.4の先頭に 背景を rays にする を追加しておくと、必ずその背景が表示されるようになります（→図6.14）。このようにプログラムの実行に必要な値をセットする処理を、プログラミングの世界では**初期化**[*13]と言うので覚えておきましょう。

図6.14 先頭に背景の初期化を追加する

[*13] 第5章「1：ずーっと繰り返す」では変数の初期化を行いました。覚えていますか？

3 思いどおりにネコを動かす

　ここまではネコの位置を変えずにポーズや背景、大きさを変えることで動きを表現してきました。次はいよいよネコを動かしましょう。画面上でネコを動かすには「位置」と「方向」、そして「速さ」の3つがカギになります。

3.1 「動き」を数値で表す方法

　第1章でネコがジャンプするプログラムを作ったのですが、覚えていますか？[14] そのときの説明と少し重複しますが、大切なことなのでもう一度、復習をかねて勉強しましょう。最初のキーワードは**位置**です。

　スプライトリストでネコの左上隅にある ⓘ ボタンをクリックすると、ステージ上のネコの情報が表示されます[15]（→図6.15）。この中の「x:0，y:0」が現在のネコの位置（スプライトの中心）です。コンピュータの世界では、このように**画面上の位置をx座標とy座標を使って表す**決まりになっています。Scratchの場合、座標の原点は画面の中央で、x軸は左から右、y軸は下から上へ向かう方向が正方向[16]になります。ステージ上のネコをドラッグして、x座標とy座標がどのように変化するか確認してください。

---

[14] 第1章「5：Scratchから始めてみよう！」でも座標系について説明しています。
[15] 左向きの三角ボタン（◀）をクリックすると、元の表示に戻すことができます。
[16] これはScratch固有の座標系です。第9章「4.4：コンピュータ世界の座標系」もあわせて参照してください。

図 6.15 ネコに関する情報を表示させたところ

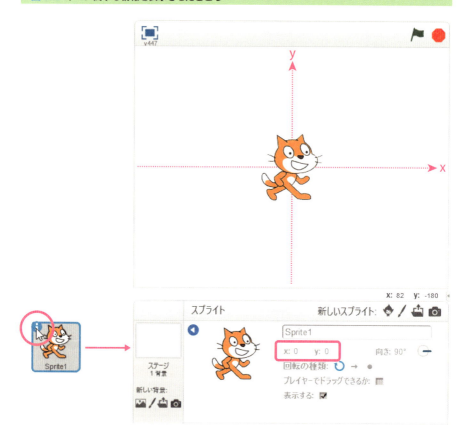

　さて、座標の確認のために動かしたネコは、いまステージのどの位置にいますか？　元の位置のままですか？　それとも別の位置ですか？　次のキーワードは**方向**です。

　別の位置にいるネコを元の位置に戻すには**どちらの方向に、どれだけ移動するか**という情報が必要になります。それを表すには、図 6.16 に示す 2 通りの方法があります。

図 6.16「どちらの方向に、どれだけ移動するか」を表す 2 つの方法

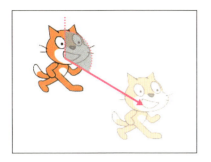 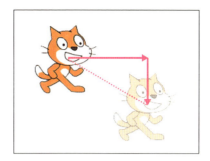

　1 つは図 6.16 左のように、角度と矢印の長さで表す方法です。Scratch の場合、角度の基準は y 軸で、時計回りに 0 〜 180 度、反時計回りに 0 〜 -180 度になります。初期値は 90 度[*17]ですが、スプライトリストの詳細表示で「**向き**」を変えることができる[*18]ので試してみましょう（➡図 6.17）。なお、[動き] カテゴリーの `10 歩動かす` は、現在の向きに 10 歩動かす命令です[*19]。このときの動く歩数が、図 6.16 左の矢印の長さになります。

図 6.17 ネコの向きを変えてみる

[*17] 図 6.16 のように、ネコが右を向いた状態です。
[*18] ネコの向きが図 6.17 のようにならないという人は、[回転の種類：] の円形の矢印ボタン（↻）をクリックしてください。スプライトが自由に回転するようになります。
[*19] 図 6.16 では移動の仕方をイメージしやすいように、ネコの向きを 90 度のままにしています。ネコの向きと進行方向については、この後の「4.1：ずーっと歩き続ける」の「コラム：回転の種類とネコの向き」で詳しく説明します。

第6章 アニメーションにチャレンジ

　もう1つは、図6.16右のように移動先を表す矢印をx方向とy方向に分解して、それぞれの値で表す方法[*20]です。対応するブロックは［動き］カテゴリーの `x座標を 0 にする`、`y座標を 0 にする` です。この方法で移動するとき、ネコの向きは関係ありません。ネコがどこを向いていても図6.15の座標系に従った位置に移動します。

　最後のキーワードの**速さ**ですが、これは実際にプログラムを作りながら確認しましょう。簡単に言えば、図6.16の**矢印の長さや座標の値で移動量を調整する**だけです。

3.2 矢印キーで上下左右に動かす

　4つの矢印キーを使って、思いどおりにネコを動かすプログラムを作りましょう。↑キーを押したときは画面の上方向、↓キーを押したときは下方向です。どのキーが押されたかは［調べる］カテゴリーの `スペース▼ キーが押された` で調べることができます。このブロックをクリックすると、通常は「false」が表示されますが、スペースキーを押した状態でクリックするとどうですか？「true」が表示されますね（→図6.18）。

図6.18 スペースキーを押した状態でクリックすると「true」が表示される

[*20] 数学の世界では、これを**ベクトルの分解**と言います。

つまり、「もし⬆️キーが押されたなら、画面の上方向にネコを動かす」というプログラムを作ればよいのです。Scratchでは画面の中央が原点でy軸は下から上が正方向ですから、y座標の値を増やせばネコは上方向に動くはずです。これには［動き］カテゴリーの y座標を 10 ずつ変える を利用しましょう。ブロックパレットで、このブロックをクリックしてみてください。クリックするたびに、ネコは上方向に移動しますね（→図6.19）。なお、 y座標を 10 ずつ変える は、**現在のy座標に10を足して、それを新しいy座標にする**という命令です。では、下方向に動かすにはどうすればいいと思いますか？　今度はy座標の値を減らせばよいのですから、 y座標を -10 ずつ変える にすればいいですね。

　左右の移動も基本は上下の移動と同じです。x軸は左から右が正方向ですから、x座標の値を増やせば右方向に、値を減らせば左方向にネコを動かすことができます。

図6.19 ［y座標を10ずつ変える］をクリックするたびにネコが上に移動していく

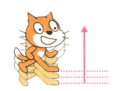

クリックするたびに上に移動

　次ページのリスト6.6は、矢印キーでネコを自在に動かすプログラムです。ポイントは 速さ という名前の変数を用意して、 y座標を 速さ ずつ変える にした点です。なぜ、このようにひと手間かけたのか、その理由を考えながらプログラムを作ってください。

第6章 アニメーションにチャレンジ

リスト6.6 矢印キーでネコを自在に動かすプログラム （⊙list6-6.sb2）

変数： 速さ

```
速さ▼ を 5 にする
ずっと
  もし <上向き矢印▼ キーが押された> なら
    y座標を 速さ ずつ変える
  でなければ
    もし <下向き矢印▼ キーが押された> なら
      y座標を 速さ * -1 ずつ変える
    でなければ
      もし <右向き矢印▼ キーが押された> なら
        x座標を 速さ ずつ変える
      でなければ
        もし <左向き矢印▼ キーが押された> なら
          x座標を 速さ * -1 ずつ変える
```

　プログラムができたら、さっそく動かしてみましょう。上下左右、指示どおりに動きましたか？ ストップボタンをクリックしてプログラムを停止した後、今度は1行目を 速さ▼ を 10 にする に変えて実行してみましょう。速さ▼ を 1 にする にすると、どうなりますか？

　値を大きくするとネコは速く、小さくするとゆっくり動きませんでしたか？ わざわざ 速さ **という変数を使った理由は、ネコが動く速度を簡単に変えられるようにするため**[*21] です。もしも変数を使っていなかったら、プログラムを4か所[*22] 修正しなければなりません。どちらがラクかと言えば、変数を使った前者で

[*21] 第3章「4.4：変数を使うと便利！ーその2：「値段」が変わっても大丈夫」もあわせて参照してください。
[*22] 4つの矢印キーのそれぞれで移動量（動く速さ）を指定するので、修正個所は4つになります。

188

しょう？

ところで⬇キーや⬅キーを押したときの「速さ * -1」の意味はわかりますか？たとえば 速さ が 5 のとき「速さ × -1」は –5、速さ が –5 のときは「–5 × –1」で 5。つまりこれは符号を反転するための計算です。

Column 違いはどこにある？

リスト 6.7 は、リスト 6.6 と使っているブロックはほぼ同じです。しかし、2 つのプログラムは異なる動きをします。プログラムのどこが違っていて、それによって動きがどのように変わるのか、考えてみてください。

リスト 6.7 条件判断の方法を変えたプログラム（list6-7.sb2）

変数： 速さ

```
速さ ▼ を 5 にする
ずっと
    もし 上向き矢印 ▼ キーが押された なら
        y座標を 速さ ずつ変える
    もし 下向き矢印 ▼ キーが押された なら
        y座標を 速さ * -1 ずつ変える
    もし 右向き矢印 ▼ キーが押された なら
        x座標を 速さ ずつ変える
    もし 左向き矢印 ▼ キーが押された なら
        x座標を 速さ * -1 ずつ変える
```

リスト 6.6 は、条件判断の中に条件判断がありますね。プログラムは上から順番に実行するのが大原則なので、矢印キーを 2 つ以上同時に押した場合でも、最初の「もし」で合致したキーの方向にネコは移動します（➡次ページ図 6.20 左）。

第6章 アニメーションにチャレンジ

一方、リスト6.7は条件判断が並列しています。この場合もプログラムは上から順番に実行するので、最初の「もし」で合致したキーの方向に移動した後、次の「もし」に合致するキーの方向へ移動します。そのためキーの組み合わせ[23]によっては、ネコが斜めに動きます（→図6.20右）。

図6.20 複数のキーを同時に押したときに動作が異なる理由

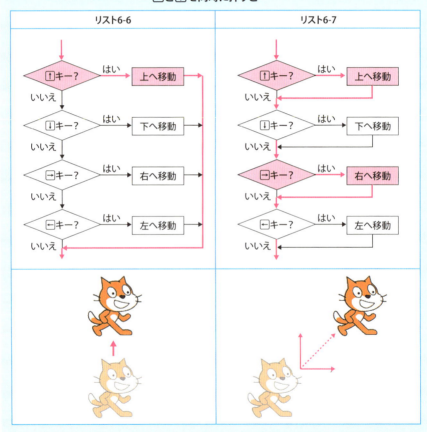

どちらのプログラムが正解なのか――。これはプログラムを作る人が、どう考えるかで

[23] ↑キーと↓キーを同時に押すと、ネコはその場で停止します。理由はわかりますか？

決まります。ここでは条件判断の書き方で図6.20のように動きが変わる[*24]ことを覚えておきましょう。

3.3 マウスの位置に瞬間移動

［動き］カテゴリーの中をのぞいてみましょう。 `マウスのポインター へ行く` をクリックすると、ステージの右下隅にネコが移動しますね（→ 図6.21）。ブロックパレット上にあるマウスポインターを目指してネコが移動したのですが、ステージの端に阻まれて止まった状態です。

図6.21 マウスポインターを目指してネコが移動する

[*24] 第4章「3.3：「1,000円以上、2,000円未満」を調べる方法」の「コラム：［もし　なら］と［もし　なら、でなければ］の違い」も参照してください。

を組み合わせた命令[*25]です。それを踏まえて考えてください。リスト6.8を実行すると、どうなると思いますか？

リスト6.8 マウスと一緒にネコも動くプログラム (list6-8.sb2)

リスト6.8を実行すると、ネコは瞬時にマウスポインターの位置に移動[*26]します。そのためマウスを動かすと、それに合わせてネコも一緒に動くようになります。もう一度、この節の「3.1：「動き」を数値で表す方法」の図6.16を参照してください。実は、リスト6.8は図6.16右の方法でネコを動かすプログラムです。

Column 初期値に戻すプログラム

マウスや矢印キーで、ネコを自在に操れるようになりました。そのおかげ（？）で、ネコがステージの中央にいないこともしばしばです。もちろんマウスでつかんで中央に戻せばいいのですが、「いちいちドラッグするのは面倒だ！」——そういう人は、初期値に戻すプログラムを作りましょう。リスト6.9を実行すれば、ネコは瞬時にステージ中央に戻ります。

リスト6.9 ネコが元の位置に真っ直ぐの姿勢で戻るプログラム (list6-9.sb2)

```
x座標を 0 、y座標を 0 にする
90 度に向ける
```

[*25] ［マウスのx座標］と［マウスのy座標］には、マウスポインターの位置が入っています。これらのブロックは［調べる］カテゴリーにあります。

[*26] ［x座標を［マウスのx座標］にする］、［y座標を［マウスのy座標］にする］の代わりに、［1秒でx座標を［マウスのx座標］に、y座標を［マウスのy座標］に変える］にすると、ネコがマウスポインターの後ろを追いかけます。ぜひ、試してみてください。

3.4 マウスの後ろを追いかける

マウスの動きに合わせてネコが一緒に動いても面白みがありません。今度はリスト 6.10 を作って動かしてみましょう[*27]。いつものように、どのような動きになるのかを考えてから実行してくださいね。ヒントは図 6.16 左です。

リスト 6.10 ネコがマウスポインターを追いかけるプログラム （●list6-10.sb2）

[マウスのポインター へ向ける] はネコの向き[*28]をセットする命令、[10 歩動かす] はネコが向いている方向に指定した歩数だけ動かす命令です。ということは？ そう、リスト 6.10 は図 6.16 左のように角度と矢印の長さを使ってネコを動かすプログラムです。リスト 6.10 を実行してみてください。マウスポインターを追いかけるようにネコが動きます（●次ページ図 6.22）。なぜ追いかけるのか？──それは、マウスポインターとネコの距離よりも短い距離（リスト 6.10 では 10 歩）ずつ動くからです。

もう少し、プログラムの内容を説明しましょう。先頭の [回転方法を 自由に回転 にする] は、ネコをマウスポインターへ向けるためのものです。図 6.22 の円形矢印ボタン（ ↻ ）をクリックしたのと同じ効果があります。そして 3 行目の [もし マウスのポインター までの距離 > 10 なら] は、何のためにあると思いますか？ 逆に、もしもこのブロックを省略したら、どうなると思いますか？

[*27] ［ までの距離］は［調べる］カテゴリー、［回転方法を にする］と［ へ向ける］は［動き］カテゴリーにあります。

[*28] もう少し正確に表現すると、［ へ向ける］はネコの進行方向をセットする命令です。この後の「4.1:ずーっと歩き続ける」の「コラム：回転の種類とネコの向き」もあわせて参照してください。

図 6.22 ネコはポインターの方へ 10 歩ずつ近づく

この間を10歩ずつ移動

自由に回転

　答えは「マウスポインターが停止したときに、ネコが激しくチラつく」です（→図 6.23）。では、なぜこのようになると思いますか？　理由は、「マウスポインターが停止しているときも、マウスポインターに向かって 10 歩動く」をずーっと繰り返しているからです。10 歩動くと、当然、ネコはマウスポインターの位置を超えます。そこで向きを変えて再び 10 歩動いて、するとまたマウスポインターを超えるので向きを変えて 10 歩動いて……。チラついて見えるのは、パラパラ漫画の原理[*29] ですね。

図 6.23 「マウスポインターに向かって 10 歩動く」を繰り返すためチラつく

　3 行目は、このチラつきを防止するための命令です。マウスポインターへ向かって動くのは、ネコとマウスポインターとの距離が移動量（ここでは 10）よりも大きいときだけにしました。これよりも近づいたときは何もしないので、ネコはその場で停止します。

[*29]　この章の「2：パラパラ漫画のアニメーション」を参照してください。

4 ひとり歩きを始めたネコ

　画面の上からブロックが落ちてきたり、ひたすら左右に動き続けるモンスターがいたり……。コンピュータ・ゲームの世界には、私たちが何も指示しなくてもずっと動き続けるキャラクターがいます。ネコにもそんなふうに、自分の力で歩いてもらいましょう。

4.1 ずーっと歩き続ける

　みなさんに課題を出します。「ネコがずっと歩き続けるプログラムを作ってください！」
　ここまでネコを動かすプログラムを作ってきたみなさんなら、きっと見当はついていますね。逆に、「こんな簡単なプログラムでいいの？」と心配になっているかもしれません。サンプルプログラムをリスト6.11に示します。

リスト6.11　ネコがずっと歩き続けるプログラム（●list6-11.sb2）

　1行目の 90度に向ける は、ネコを右に向かせるための命令です。これを省略するとネコは自分が向いている方向に歩き出します。もちろんそれでもかまわないのですが、これから先の説明がみなさんの画面と異なるのを防ぐために、最初に

ネコを右向きにしておきました[*30]。あとの命令は問題ありませんね。歩く速さは歩数の大きさで自由に指定してください。

では、プログラムを実行しましょう。ネコは左から右に向かって歩き始めて……、端にぶつかってその先に進めなくなりました（→図 6.24）。

図 6.24 ネコは端にぶつかって進めなくなる

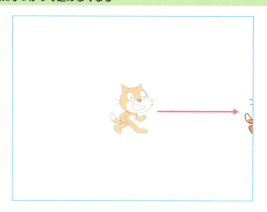

私たちがよく目にするゲームのキャラクターは、画面の端に到達したら向きを変えて、今度は右から左に動きませんか？ そしてゲームを終了するまで、ずーっと左右に動き続けます。ネコもそんなふうに動かしたいですね。

［動き］カテゴリーの下の方に もし端に着いたら、跳ね返る というブロックがあります。期待できそうなブロックでしょう？ このブロックをリスト 6.11 に追加して、プログラムを実行してみてください（→リスト 6.12）。

リスト 6.12 ［もし端に着いたら、跳ね返る］を追加したプログラム（→list6-12.sb2）

[*30] これを「初期化」と言うのでしたね。この章の「2.3：大きさを変える」の「コラム：駆け足アニメに不要な背景が表示される！」も合わせて参照してください。

4 ひとり歩きを始めたネコ

　ネコはステージの端で向きを変えて、延々と歩き続けるようになりました。しかし――「左に向かって歩くときに、ネコが逆さまになっているじゃないか！」（→図 6.25 左）という人、「よし、できた！」（→図 6.25 右）と思った人。リスト 6.12 を実行した感想は、どちらかに分かれると思います。これはネコの回転方法がどのように定義されているか[*31]で決まります。

図 6.25 ［回転の種類］で、逆さまになるかどうかが決まる

 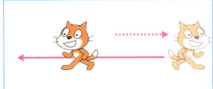

　　回転の種類：自由に回転（⟳）　　　　　回転の種類：左右のみ（↔）

　「逆立ちしながら歩くのはちょっと……」と思った人は、ネコが歩き出す前に回転の種類も初期化しておきましょう（→リスト 6.13）。これでネコは必ず図 6.25 右のように歩き続けます。

リスト 6.13 逆さまにならないように改良したプログラム（→list6-13.sb2）

```
回転方法を [左右のみ▼] にする
[90▼] 度に向ける
ずっと
    [5] 歩動かす
    もし端に着いたら、跳ね返る
```

　また、上から 2 行目の ［90▼ 度に向ける］ の角度を －180 ～ 0 ～ 180 度の範囲で変えて実行すると、面白いこと[*32]が起こります。さて、何が起こると思いますか？　実行する前に予想してみてくださいね。

[*31] 定義されている回転の種類は、スプライトの詳細表示で確認することができます。詳しくはこの後の「コラム：回転の種類とネコの向き」を参照してください。
[*32] ネコはステージ上をジグザグに動きます。

Column 回転の種類とネコの向き

スプライトの詳細表示で、「向き」のつまみを動かしてみましょう。回転の種類が「自由に回転（↻）」のとき、ネコはつまみと同じ方向に向きますが、「左右のみ（↔）」にしたときはy軸を境に左か右のどちらかしか向きませんね（→図6.26）。「回転しない（•）」を選んだときは、角度をどのように設定してもネコの向きは90度（右向き）のまま変わりません。

図 6.26 ［回転の種類］で、ネコが向くことができる方向が異なる

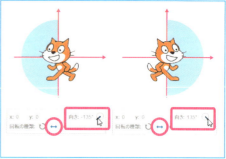

自由に回転　　　　　　　　　　　左右に回転

ここで気を付けてほしいことは、**画面上のネコの向きと、実際にネコが進む方向は別のもの**だということです。たとえば向きが「**−45度**」、回転の種類が「**左右のみ**」のとき `100 歩動かす` を実行すると、ネコは左上に向かって移動します。左に移動するわけではないので注意してください（→図6.27）。

表6.1に、ネコの向きと進行方向に関連するブロックをまとめました。

表 6.1 向きと進行方向に関連するブロック

ブロック	意味
`向き`	Scratchの変数。ネコの進行方向が入っている
`回転方法を 左右のみ にする`	ネコが向くことができる方向を決定する
`( ) 度に向ける`	ネコの進行方向をセットする
`( ) へ向ける`	ネコの進行方向をセットする

図 6.27 画面上のネコの向きと進む方向は一致しないことがある

4.2 「跳ね返る」ってどういうこと?

リスト 6.12 とリスト 6.13 で使った [もし端に着いたら、跳ね返る] ブロック（→ 図 6.28）。これまでと雰囲気が違いますね。まず、「もし端に着いたら」という条件判断をしているにもかかわらず、[制御] カテゴリーではなく [動き] カテゴリーに分類されています。また、「**端に着いたかどうか**」という条件式があらかじめ書かれているうえに、条件に合致したときの動作も「**跳ね返る**」とすでに定義されています。

図 6.28 [もし端に着いたら、跳ね返る] ブロック

とても便利なブロックですが、残念ながらこれは Scratch だけが持っている便利な命令です。他のプログラミング言語にはありません。では、どうするか？ そう、他のプログラミング言語の場合は自分で作るしかないのです。そのときのために「跳ね返る」とはどのような動きか、きちんと理解しましょう。

矢印キーでネコを動かしたこと[*33]、覚えていますか？ [x座標を 10 ずつ変える] を

[*33] この章の「3.2：矢印キーで上下左右に動かす」を参照してください。

第6章 アニメーションにチャレンジ

実行にすれば右へ、[x座標を -10 ずつ変える]を実行すれば左へ動いたでしょう？　上下に動かすときは[y座標を 10 ずつ変える]と[y座標を -10 ずつ変える]でしたね。x 座標と y 座標の違いはありますが、それ以外に変わったのは歩数の符号だけです。実は**歩数（移動量）の符号を反転すると逆方向に動く、つまり跳ね返る**のです。拍子抜けするくらいに簡単でしょう？

リスト 6.14 は[もし端に着いたら、跳ね返る]ブロックを使わずに作ったプログラムです。「どちらの方向へ、どれだけ動かすか」を表現するには、リスト 6.12 やリスト 6.13 のように向きと移動量で指定する方法と、もう 1 つ、x 座標と y 座標で指定する方法がありましたね[*34]。今回は後者の方法を使いましょう。符号の反転の仕方も、矢印キーでネコを動かしたときにやった[*35]ので大丈夫ですね。

> **リスト 6.14**　[もし端に着いたら、跳ね返る] ブロックを使わないプログラム（list6-14.sb2）

さっそくリスト 6.14 を実行してみましょう。どうですか？　思ったとおりにネコは跳ね返ってくれましたか？　跳ね返ったけれど、左に動くときもネコは右を向いたままになっている？（→ 図 6.29）　リスト 6.14 では、それが正しい動きです。なぜなら 3 行目でネコを 90 度（右）に向けたきり、どこにもネコの向きを変える命令はないでしょう？

[*34] 忘れてしまったという人は、この章の「3.1：「動き」を数値で表す方法」に戻って図 6.16 を確認してください。
[*35] この章の「3.2：矢印キーで上下左右に動かす」を参照してください。

4 ひとり歩きを始めたネコ

図 6.29 ネコが向きは変えないが跳ね返った

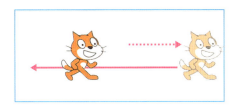

どうやら もし端に着いたら、跳ね返る ブロックの「**跳ね返る**」という動作には、ネコの向きを変更する命令も含まれているようです。さっそくリスト 6.14 にネコの向きを変える処理を追加しましょう。

最初のネコの向きは右向き（90 度）です。その状態で右方向に歩いた後、端に着いたら向きを左（−90 度）にするのですから、これも符号の反転で実現できそうですね。ネコの向きは［動き］カテゴリーの一番下にある 向き で確認できるので、これを使いましょう。 向き は Scratch があらかじめ用意している変数で、 90▼ 度に向ける または ▼ へ向ける を実行してスプライトの向きを変更したときに値が更新されます。

リスト 6.15 は、リスト 6.14 の改良版です。プログラムを実行すると、思ったとおりに跳ね返ってくれるはずです。

リスト 6.15 ネコの向きが変わるように改良したプログラム （list6-15.sb2）

変数： 速さ

```
速さ▼ を 5 にする
回転方法を 左右のみ▼ にする
90▼ 度に向ける
ずっと
    x座標を 速さ ずつ変える
    もし 端▼ に触れた なら
        速さ▼ を 速さ * -1 にする
        向き * -1 度に向ける
```

4.3 「端に触れる」ってどういうこと？

リスト6.14とリスト6.15で使った 。便利でしょう？ 実はこれもScratchにしかない機能です。他のプログラミング言語でプログラムを作るときは、画面の端に触れたかどうかを自分で調べなければならないのです。少し難しいかもしれませんが、がんばってやってみましょう。これはゲーム・プログラミングの世界で当たり判定[*36]と呼ばれる処理の基本になります。

さて、ネコが画面の端に触れたかどうか、どうやって調べたらいいと思いますか？ 図6.30を見て、少し考えてみてください。

図6.30 端に触れたかどうか、どうやって調べる？

左端に触れた　　　　　右端に触れた

何も思いつかない？ では、ヒントを出しましょう。ネコと同じ大きさの四角[*37]を用意して、図6.31のように囲むと……ネコが画面の端に触れたとき、当然ですが四角の枠も画面の端に触れていますね。四角の枠が画面の端まで到達したら、ネコはこれ以上先には進めません。ということは、四角の枠が画面の端に到達したときのネコの位置がわかればなんとかなりそうです。

[*36] ボーリング・ゲームを想像してください。転がしたボールがピンに当たったら、ピンを倒すという処理が必要ですね。ボールがピンに当たったかどうか、それを判定する処理が「当たり判定」です。「衝突判定」と呼ぶこともあります。

[*37] 四角で囲む方法は、衝突したかどうかを調べる最も簡単な方法です。コンピュータ・ゲームの世界ではキャラクターの形状に合わせて、もっと複雑な枠組みを使って当たり判定をしています。

図 6.31 ネコと同寸法の四角が端に到達した。つまり画面の端に触れた！

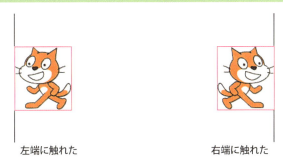

　図 6.32 は Scratch のステージで、ネコを囲む四角がそれぞれのステージの枠に到達した状態を表しています。ステージの大きさは 480 × 360 ですが原点はステージの中央にあるので、ステージ左上隅の座標は (-240, 180)、右上隅の座標は (240, 180) になります。なお、ネコの位置を表す x 座標と y 座標は、ネコの中心の座標です。

図 6.32 ネコと同寸法の四角がステージの枠に到達した状態

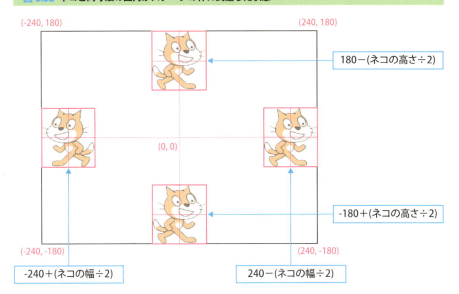

第6章 アニメーションにチャレンジ

　では、図6.32のステージの右端に到達したネコに注目してください。四角の枠が端に到達して、これ以上は先に進めなくなったとき、ネコのx座標は「240 −（ネコの幅 ÷ 2）」で表すことができます。大事なところなので、図6.32をじっくり見てくださいね。今度は左端に到達したネコに注目しましょう。このときのネコのx座標は「−240 ＋（ネコの幅 ÷ 2）」です。上下の端に到達したときのy座標も、ネコの高さを使った同じような式で表すことができます。

　「なるほど！」と納得できたら［コスチューム］タブをクリックしてください。ステージ上のネコの大きさは、ここで確認することができます。図6.33では「コスチューム1」のネコが選択されています。このネコの大きさは横が93、縦が101です。それぞれ2で割ると余りが出ます[*38]が、あまり気にする必要はありません。

図 6.33 コスチューム 1 のネコのサイズ

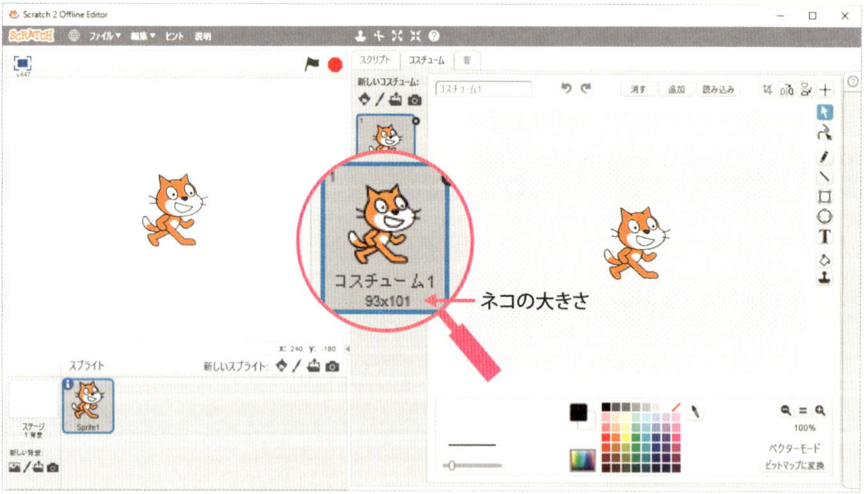

　ステージの四隅の座標とネコの大きさがわかりました。これで画面の端に到達したときのネコの位置が求められますね（→図6.34）。あとは 　　　　　　　　　　　の代わりになる条件式を作るだけです。どういう条件式になるか、考えてみてください。ヒントは「ネコが移動できるのは、図6.34のス

[*38] それぞれのサイズを2で割った余りは1、つまり1ピクセルの誤差です。ステージの端にぶつかって跳ね返るというプログラムならば、1ピクセルの誤差は許容範囲と考えてよいでしょう。

テージの白色の領域だけ。この範囲を越えて先に進むことはできない」です。

図 6.34　画面の端に到達したときのネコの位置

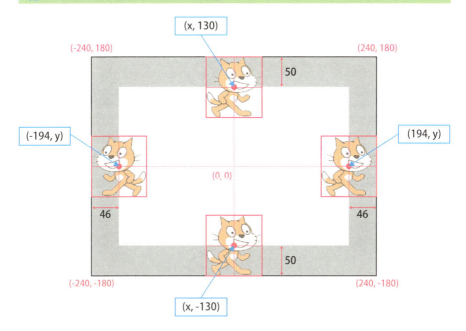

4.4 ステージを縦横無尽に走るネコ

もし 端 に触れた なら の代わりになる条件式、できましたか？　もう一度、図 6.34 のステージの右端に到達したネコに注目してください。このときのネコの x 座標は 194 です。y 座標がいくつであっても、x 座標が 194 を超えたらこれ以上は右へ進めません。つまり、ステージ右端に触れたかどうかを判定する条件式は「**x 座標が 194 を超えたら**」です。このときにすることは？——そう、「**跳ね返る**」です。移動量の符号を反転しましょう。

今度はステージの左端に到達したネコに注目してください。このときのネコの x 座標は −194 です。y 座標がどこであろうと、x 座標が −194 よりも小さくなったらその先へは進めないので、移動量の符号を反転して逆方向に動きましょう。条

件式は「x 座標が -194 よりも小さければ」です。

上下方向も同じです。「y 座標が 130 を超えたら」移動量の符号を反転、「y 座標が -130 よりも小さければ」やはり移動量の符号を反転して移動する方向を変えてくだい。

リスト 6.16 は、 を使わずに作ったプログラムです。今回は 速さx と 速さy という 2 つの変数を使いました。 速さx は横方向の移動量、速さy は縦方向の移動量です。なぜ 2 つも変数が必要なのか、わかりますか？ 答えは横方向と縦方向、別々に向きを変えられるようにするためです。

たとえばネコが右端に触れるのは、左から右に向かってネコが動き続けたからですね。このときは右から左へ移動するように、方向を変えなければなりません（⇒図 6.35 左）。では、ネコが上端に触れるのはどういうときですか？ 先ほどと同じように考えましょう。ネコは下から上へ動き続けて上端に触れたのですから、今度は上から下へ移動するように方向を変えなければなりません（⇒図 6.35 右）。ほら、横方向と縦方向の 2 つが必要でしょう？

図 6.35 ネコの跳ね返る方向の考え方

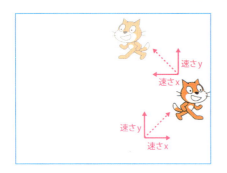

図 6.35 を見て、「えっ、斜めに動くの？」と思った方がいるかもしれません。速さx と 速さy に 0 以外の値を入れると、この 2 辺で作った長方形の対角線の方向[*39]にネコは動き出します。リスト 6.16 では 速さx と 速さy に同じ値を入れま

*39 この章の「3.1：「動き」を数値で表す方法」と「3.2：矢印キーで上下左右に動かす」もあわせて参照してください。

4 ひとり歩きを始めたネコ

したが、異なる値を入れるとどうなると思いますか？ 実際に動かして確認してみましょう。

なお、ネコの向きを反転するのは左右の枠に触れたときだけです。理由はわかりますか？ 上下の軸に触れたときは、縦方向の移動量が変わるだけです（→図6.35右）。このときにネコの顔の向きが変わったら、違和感があるでしょう？ よくわからないという人は、上下の枠に触れたときにもネコの向きが変わるようにプログラムを変更[*40]して実行してみてください。

リスト 6.16 ［もし［端に触れた］なら］を使わずに作ったプログラム（list6-16.sb2）

変数： 速さx 速さy

```
速さx を 5 にする
速さy を 5 にする
回転方法を 左右のみ にする
90 度に向ける
ずっと
    x座標を 速さx ずつ変える
    y座標を 速さy ずつ変える
    もし x座標 > 194 または x座標 < -194 なら
        速さx を 速さx * -1 にする
        向き * -1 度に向ける
    もし y座標 > 130 または y座標 < -130 なら
        速さy を 速さy * -1 にする
```

もう一度、この章の「4.1：ずーっと歩き続ける」に戻って、リスト6.13を実行してみてください。2行目で最初のネコの向きを90度以外の値にして実行する

[*40] リスト6.16の最後、［速さy を［速さy］*-1 にする］の下に ［［［向き］*-1］度に向ける］ を追加してください。

と、リスト 6.16 と同じように動きませんか？ リスト 6.16 では、ネコの動き方を x 座標と y 座標で指定しました。一方のリスト 6.13 は、角度と矢印の長さで指定する方法[*41]です。方法は違いますが、ちゃんと同じように動くでしょう？

繰り返しになりますが、やりたいことを実現する方法は 1 つではありません。いろいろな方法を試してみて、その結果をどんどん頭の中の引き出しに蓄積していきましょう。いつか「これがダメなら、あの方法はどうだろう？」と引き出しからいろいろな方法を取り出せるようになったら、駆け出しプログラマーからベテランプログラマーへ昇格です！

最後に課題を出しましょう。「リスト 6.16 にパラパラ漫画を組み合わせて、ネコがステージ上を駆け回るプログラム[*42]に仕上げてください！」

[*41] 2 つの違いはこの章の「3.1：「動き」を数値で表す方法」を参照してください。
[*42] ネコの位置を変えた後、[次のコスチュームにする]、[0.1秒待つ] を追加してみましょう。なお、「コスチューム 2」の方が縦のサイズが大きいので、上下の端に触れたかどうかを判定する値もそれに合わせた方がステージ端に近い位置で跳ね返ります。

第6章で学んだこと

○ 画面上の動かないものを動いているように見せるには、位置や形を変えればいい
○ パラパラ漫画の仕組みでスプライトを動かす
 ・形を変えて動きを表す
 ・背景を変えて動きを表す
 ・大きさを変えて動きを表す
○ 画面上でスプライトを動かす
 ・向きと移動量で動きを表す
 ・移動先の位置を指定して動きを表す
○ スプライトの移動量の符号を反転すると、逆方向に動く
○ 当たり判定にはスプライトと同寸法の四角を利用すると簡単

第7章 一歩進んだプログラミング

　プログラミングにもずいぶん慣れてきたのではないでしょうか。ネコと会話をしたり、ステージ上を自由に走り回らせたり。ここまでくると、もっと複雑なプログラムも作れそうな気がしてきたでしょう？
　この章では、規模の大きなプログラムを開発するときに役立つことを紹介します。

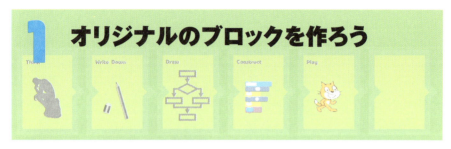

オリジナルのブロックを作ろう

 や など、[動き] カテゴリーには便利なブロックがたくさん登録されています。しかし、「ジャンプする」や「回転する」のような機能はありません。そんな機能がブロックとして用意されていたら、使ってみたいと思いませんか？

1.1 ↑キーが押されたら、ジャンプ！

リスト 7.1 は、第 6 章「2.1：ポーズを変えて、その場で駆け足」で作ったパラパラ漫画のアニメーションです。これに「↑ キーが押されたら、ジャンプする」という動作を追加しましょう。あなたならどのようにプログラミングしますか？

リスト 7.1 ネコがその場で駆け足するプログラム（リスト 6.1 を再掲）（list7-1.sb2）

「ジャンプする」という動作は、第 2 章[*1]で作ったのですが覚えていますか？Scratch ではステージの中央が座標の原点で、y 軸は下から上が正方向ですから、y 座標を今よりも大きな値にすればネコは上へ移動します。その後、元の値に戻せばジャンプしたように見えるはずなのですが、一瞬の出来事なので私たちには認識できません。ちゃんとジャンプしたことがわかるように、「少し待つ」という命令が必要になります。以上の動作をパラパラ漫画のアニメーションに追加する

[*1] 第 2 章「4：正解のときだけジャンプする」を参照してください。

1 オリジナルのブロックを作ろう

と、フローチャートは図 7.1 のようになります。

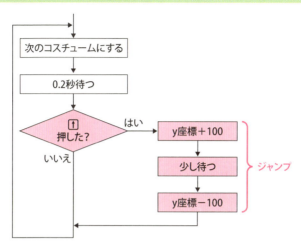

図 7.1 ↑キーを押したらジャンプする処理の流れ

次ページのリスト 7.2 は、図 7.1 をもとに作ったプログラムです。ジャンプのときに `y座標を ( y座標 + 100 ) にする` にした理由はわかりますか？ これは「今の y 座標に 100 を足して、その値を新しい y 座標にする」という意味です。これならばネコがステージのどこにいても、100 の高さでジャンプできます[*2]ね（→ 次ページ図 7.2）。元の位置に戻るときは、もちろん「今の y 座標 − 100」です。

[*2] ステージ上端に近い位置にネコがいるときは無理ですが……。

213

図7.2 ↑キーを押したらジャンプするプログラムのイメージ

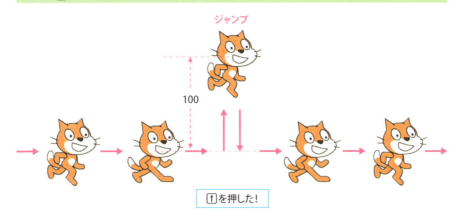

リスト7.2 ↑キーを押したらジャンプするプログラム[*3] (list7-2.sb2)

1.2 ［ジャンプする］ブロックを作る

　図7.3は新しく作ったフローチャートです。図7.1と見比べて、どこが変わったか考えてみてください。

[*3] このプログラムを実行して↑キーを押したときにネコがジャンプしない場合は、キーをゆっくり押し込むような気持ちで入力してみてください。あまり速く押すと、反応しないことがあります。

図 7.3 「ジャンプする」を独立させた処理の流れ

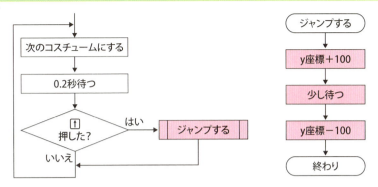

　左側のフローチャートは図 7.1 とほとんど同じですが、ジャンプに関連する 3 つの命令の代わりに「**ジャンプする**」と一言だけ書かれています。そして右側のフローチャートには、ジャンプの詳しい内容が書かれていますね。図 7.1 と形は違いますが、どんな内容のプログラムかはちゃんとわかるでしょう？

　「ジャンプする」のように**複数の命令の組み合わせで決まった動作をする場合は、その部分を独立させて別のプログラム**[*4]**にする**ことができます。Scratch の場合、これは新しいブロックを作る作業になります。

　［その他］カテゴリーの中に［ブロックを作る］ボタンがあるので、これをクリックしてください。図 7.4 右の画面が表示されます。ブロックの表面に表示する文字を入力してください。今回は「**ジャンプする**」にしましょう。

図 7.4 新しいブロックを作る

[*4]　プログラミングの世界では、これを**関数**と言います。

［OK］ボタンをクリックすると、画面は図7.5のように変化します。ブロックパレットに ジャンプする というブロックが追加されましたね。Scratchに用意されているブロックと同じように、他のブロックと合体できる形をしています。また、スクリプトエリアには 定義 ジャンプする が追加されました。このブロックは形が少し違っていて、このブロックの下にしか他のブロックを追加できないようになっています。なぜだかわかりますか？

定義 ジャンプする は、「ジャンプする」という動作の開始点です。このブロックに続けて、リスト7.3のようにプログラムを作ってください。これで ジャンプする ブロックの完成です。

図7.5 ［ジャンプする］ブロックを作ったところ

リスト7.3 ［ジャンプする］の定義に作るプログラム （list7-3.sb2）

1.3 [ジャンプする]ブロックを使う

　自分で作ったブロックも、使い方は Scratch の他のブロックと同じです。新しく作ったブロック（ここでは ジャンプする ブロック）と同じファイルに、今度は図7.3 左側のフローチャートをもとにしたプログラムを作ってください（→リスト7.4）。

リスト 7.4 リスト 7.2 を［ジャンプする］を使って書き換えたプログラム（→list7-4.sb2）

```
ずっと
　次のコスチュームにする
　0.2 秒待つ
　もし 上向き矢印 キーが押された なら
　　ジャンプする
```

　プログラムができたら、さっそく実行してみましょう。スクリプトエリアで、リスト 7.4 をクリックしてください。ネコがその場で駆け足を始めます。その状態で ↑ キーを押してください。ネコがジャンプ[*5]したでしょう？
　次ページの図 7.6 は、図 7.3 のフローチャートに命令の実行順序を書き加えたものです。左側のフローチャートで「ジャンプする」に到達すると、右側の「ジャンプする」に移動します。そして上から順番に命令を実行し、最後まで到達したら再び左側のフローチャートに戻って処理を継続します。プログラムが 2 つに分かれても、上から下へ順番に命令を実行するという基本は変わりません。
　なお、Scratch にあらかじめ用意されているブロックも同じです。私たちには見えないところにちゃんとブロックの定義が書かれていて、図 7.6 のような順番で命令を実行しています。

[*5] あまり速く押すと反応しないことがあります。その場合は、ゆっくり押し込むような気持ちで入力してみてください。

図7.6 リスト7.4の処理の流れ

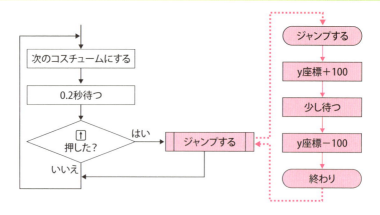

1.4 部品にすると便利になること

新しく作った ジャンプする ブロックは、いわばプログラムの部品です。もちろん部品を作らなくてもプログラムは作れます。その証拠に図7.7左はこの章の「1.1：↑キーが押されたら、ジャンプ！」で作ったプログラム、図7.7右は「1.2：[ジャンプする]ブロックを作る」と「1.3：[ジャンプする]ブロックを使う」で作ったプログラムです。実行すると、どちらもまったく同じように動きます。それなのにわざわざ2つのプログラムに分けるのは、部品にすると便利になることがあるからです。

まず、部品にすると**プログラムの内容がわかりやすくなります**。図7.7の左と中央のプログラムを見比べてください。プログラムを上から順番に見ていって、↑キーが押されたときに何をするか、わかりやすいのは中央のプログラムではありませんか？ プログラムは長くなればなるほど、全体の内容を把握しにくくなります。このときに部品を利用していれば、「ここでジャンプするんだな」ということが詳しい内容を見なくてもわかりますね。

1 オリジナルのブロックを作ろう

図7.7 元のプログラムと部品化したプログラム

　また、**プログラムはできるだけ小さな単位で作った方が、間違いを発見しやすい**のです。スクリプトエリアで図7.7右のプログラム[*6]をクリックしてみてください。ネコがその場でジャンプしたでしょう？　作ったプログラムが正しいかどうかは、実際に実行してみなければわかりませんが、万一、思いどおりに動かなかったとき、プログラムが短ければ間違いを見つけるのも簡単です。たとえば ［定義 ジャンプする］ を実行してもネコがまったく動かなかったという場合は、この中だけ調べればよいのです。他のプログラムまで調べる必要はありません。

　便利になることの3つ目は**部品は再利用できる**ということです。**再利用**はプログラミングの世界でよく使う言葉で、「違う場面でも使える」という意味です。たとえば、第6章「4.2：「跳ね返る」ってどういうこと？」で、ネコがずーっと歩き続けるプログラム（⇒リスト6.15）を作りました。次ページのリスト7.5は、このプログラムに「↑キーを押したら、ジャンプする」を加えたものです。すでに ［ジャンプする］ ブロックは作ってあるので、それを追加しただけです。便利でしょう？　本当にジャンプするかどうかは、実際にプログラムを実行して確認してくださいね。

　残念ながらScratchの場合、他のファイルに作ったブロックは再利用できません。しかし、本格的なプログラミング言語であれば、他のファイルのプログラムも簡単に参照できます。近い将来、本格的なプログラミング言語の勉強を始めるみなさんは、作ったプログラムのどこかに部品にできそうな個所がないか、考える癖をつけておくとよいでしょう。

[*6]　［定義［ジャンプする］］に続けて作ったプログラムです。

第7章 一歩進んだプログラミング

リスト 7.5 リスト 6.15 に ↑ キーでのジャンプを加えたプログラム（list7-5.sb2）

変数： 速さ

```
速さ▼ を 5 にする
回転方法を 左右のみ▼ にする
90▼ 度に向ける
ずっと
    x座標を 速さ ずつ変える
    もし 端▼ に触れた なら
        速さ▼ を 速さ * -1 にする
        向き * -1 度に向ける
    もし 上向き矢印▼ キーが押された なら
        ジャンプする
```

1.5 好きな高さでジャンプする

　［動き］カテゴリーの `10 歩動かす` は、ネコが向いている方向に 10 歩だけ動かす命令です。歩数は自由に変えられましたね。たとえば `100 歩動かす` にすれば、ネコは 100 歩動きます。`x座標を 10 ずつ変える` や `90 度に向ける` も同じです。動く距離や方向を指定すれば、その値を使って決まった処理が行われます。このようにブロックに渡す値を**引数**と言います。もちろん、自分で作るブロックにも引数を渡すことができます。`ジャンプする` ブロックを改良して、好きな高さにジャンプできるようにしましょう。

　［その他］カテゴリーの `ジャンプする` ブロックを右クリックして、表示されるメニューから［編集］を選択してください。［ブロックを編集］画面が表示されます。［オプション］をクリックすると、引数を追加できるようになります。ジャン

プの高さは数値データなので、［数値の引数を追加］ボタンをクリックしてください。ブロックにスペースが追加され、引数の名前を入力できるようになります（→図7.8）。ブロックに渡す値が何かわかるような名前を工夫して付けてください。今回は「**高さ**」にします。

図7.8 ［ジャンプする］ブロックに引数を追加する

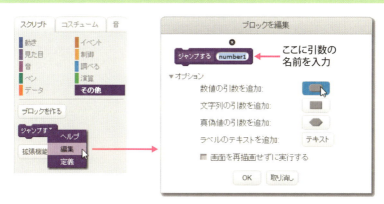

［OK］ボタンをクリックすると、画面は図7.9のように変化します。まず、［その他］カテゴリーの ジャンプする ブロックが、高さを入力できるように ジャンプする ① になりましたね。また、ブロックの定義も 定義 ジャンプする 高さ に変わりました[*7]。

図7.9 引数を追加すると定義が変わり、値を受け付けるようになる

[*7] このように引数を受け取るプログラムを、プログラミングの世界では**引数をとる関数**のように言うことがあります。

第7章 一歩進んだプログラミング

しかし、図7.9の状態では、ジャンプの高さは100のままです。引数で受け取った値でジャンプするには、 定義 ジャンプする 高さ から 高さ をドラッグして、y座標を y座標 + 高さ にする に変更してください（→図7.10）。

図 7.10 受け取った引数を利用する

リスト7.6とリスト7.7は、ジャンプの高さを変えられるように改良したプログラムです。リスト7.6の ジャンプする 100 で高さをいろいろ変えて、プログラムを実行してみてください。思いどおりの高さにジャンプできましたか？

リスト 7.6 ジャンプの高さを変えられるように改良した本体側のプログラム （list7-6.sb2）

リスト 7.7 ジャンプの高さを変えられるように改良した定義側のプログラム （list7-7.sb2）

1 オリジナルのブロックを作ろう

Column 引数をとるブロックの動作を確認するには？

図 7.11 で右側のブロックをクリックしても、ネコはジャンプしません。理由は「引数を受け取っていないから」です。 定義 ジャンプする 高さ のように引数をとるブロックを作成したとき、その動きを確認するには、新たに作ったブロックに引数を入力し、これをクリックします（→図 7.11 左）。

図 7.11 引数をとるブロックに値を渡す

2 イベントを利用してプログラムを実行しよう

　作ったプログラムを実行するとき、これまではスクリプトエリアで目的のプログラムをクリックしていたと思います（→図 7.12）。練習用にたくさんのプログラムを作ったときは、この方法が最も便利だからです。

図 7.12　スクリプトエリアで目的のプログラムをクリックして実行

　しかし、完成したプログラムを他の人に使ってもらうとき、この方法はいけません。プログラムも Scratch も何も知らない人は、画面上にたくさんあるブロックを前に困惑するだけです。では、どうするか？

　みなさんが使っているスマートフォンを思い出してください。アプリを起動するときは、必ず目的のアイコンをタップしますね。その後も画面をすっとなでたり、つまんだり、ボタンをタップしながら操作するはずです。これらの操作はみな、アプリに対する「○○を実行しなさい」という命令です。その証拠に画面をすっとなでたらスクロール、つまんだら画面の縮小表示、送信ボタンをタップしたらメッセージ送信のように、それぞれの操作に応答して決まった処理が行われる[*8]でしょう？　このように**命令を実行する「きっかけ」**となるものを、プログラミングの世界では**イベント**と言います。また、**実際に「きっかけ」が起こっ**

[*8] もちろん処理の内容はアプリごとに異なります。

ことを**イベントが発生する**のように表現します。

　Scratchにも［イベント］カテゴリーがありましたね。中をのぞいてみると、「○○されたとき」、「○○になったとき」など、プログラムを実行する「きっかけ」になりそうなブロックがたくさんあります（→図7.13）。Scratchで作ったプログラムを他の人に使ってもらうときは、これらのブロックを使うのが正しい方法です。

図7.13 ［イベント］カテゴリーのブロック

　図7.13を見るとわかるように、プログラムを実行するきっかけになるブロックは、その下にしか他のブロックを追加できません。イベントが発生したのを合図

に、そこに書かれたプログラムを実行する[*9]のですから当然ですね。

図 7.13 の下の 3 つのブロックは、この後の「3：複数のスプライトを利用しよう」で説明します。それ以外のブロックは、説明するまでもありませんね。 がクリックされたとき は、「ステージ右上のスタートボタン（ ▶ ）[*10]がクリックされたとき」という意味です。

では、図 7.14 のようにプログラム[*11]を作ったとき、どうすればプログラムを実行できると思いますか？　また、プログラムを実行すると、どうなると思いますか？　プログラムを作って実行する前に予想してみてください。

図 7.14 イベントを設定したプログラムを実行するには？　実行すると……？

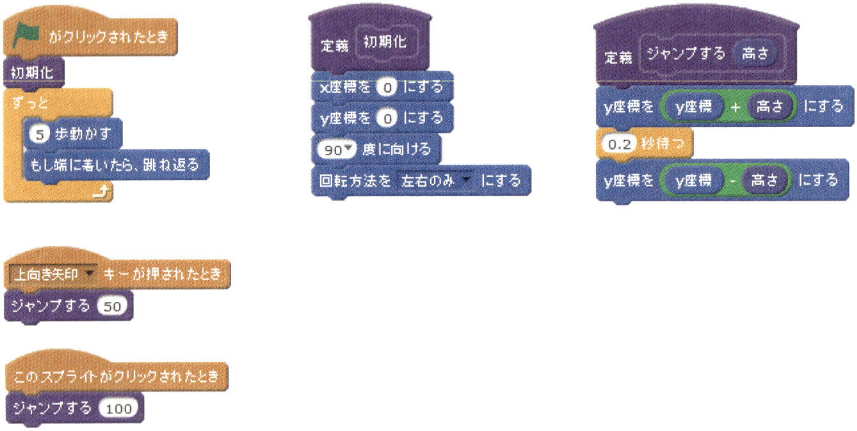

Scratch で作ったプログラムは、スタートボタンをクリックして開始するのが一般的です。まずはステージ右上のスタートボタンをクリックしてください。これを合図に図 7.14 左上のプログラムが開始され、ネコは左右に動き始めます。先頭の  初期化 ブロックは、新たに作ったブロックです。内容は大丈夫ですね？　ネコの位置をステージ中央にした後、向きと回転方法をセットしました。これで

[*9] プログラミングの世界では、イベントに応答して実行するプログラムのことを**イベントハンドラ**と言います。
[*10] この隣の赤丸（●）は、ストップボタンです。
[*11] 付属 CD-ROM には list7-event.sb2 という名前で収録しています。

2 イベントを利用してプログラムを実行しよう

⑤歩動かす 、 もし端に着いたら、跳ね返る を実行したとき、ネコは必ず左右方向に動くようになります。

図 7.14 には 上向き矢印キーが押されたとき と このスプライトがクリックされたとき に実行するプログラムが定義されています。これらのプログラムは、他のプログラムが動いているときでも合図があれば実行されます。やってみましょう。

今、みなさんのステージ上ではネコが動いていますね。もしも停止している場合は、もう一度スタートボタンをクリックしてネコを動かしてください。この状態で↑キーを押すと小さくジャンプ、動いているネコをうまくクリックできれば大きくジャンプするはずです（→ 図 7.15）。

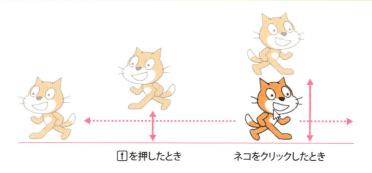

図 7.15 左右に動き回っているネコが別の動作もする

↑を押したとき　　　ネコをクリックしたとき

せっかく作ったプログラムですから、友達にも見てもらいましょう。その場合は「最初にこの緑色の旗をクリックしてね。↑キーを押したり、ネコをクリックしたりするとジャンプするよ！」のように伝えれば、友達も迷うことなく実行できます。

第7章 一歩進んだプログラミング

3 複数のスプライトを利用しよう

　Scratchでは、ステージ上のスプライトがプログラムの主人公です。これまではネコ1匹だけでしたが、ほかのスプライトにも登場してもらいましょう。合図を送ることで、ほかのスプライトも動かすことができます。

3.1 ステージにネズミを追加する

　画面の左下にあるスプライトリストは、ステージに登場するスプライトを管理する領域です。最初はネコが1匹だけですが、ここに新しいスプライトを追加しましょう。［スプライトをライブラリーから選択］ボタンをクリックすると、スプライトライブラリーが表示されます（→図7.16）。

図 7.16 Scratchにはいろいろなスプライトが用意されている

今回はこの中からネズミ（Mouse1）を選択して［OK］ボタンをクリックしてください。ステージとスプライトリストにネズミが追加されます（→図 7.17）。

図 7.17　ネズミを追加する

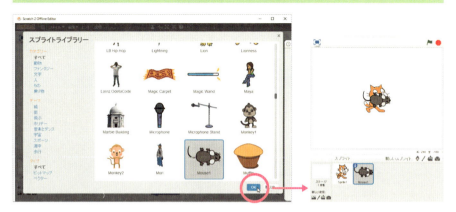

複数のスプライトを利用するときは、どちらのスプライトが選択されているかが重要です。図 7.17 右はネズミ（Mouse1）が選択された状態[*12]です。この場合は、ネズミが命令の対象になります。ためしにブロックパレットで 100 歩動かす をクリックしてみてください。ネズミが動きましたね（→次ページ図 7.18）。ネズミを主人公にしたプログラムを作るときは、スプライトリストで図 7.17 右のようにネズミが選択されていることを確認してから［スクリプト］タブをクリックし、作業してください[*13]。

ステージには 3 つ以上のスプライトを登場させることもできます。プログラムを作ったりコスチュームを変えたりするときは、必ずスプライトリストで編集対象のスプライトを選択してください。また、スプライトを右クリックして表示されるメニューから［削除］を選択すると、クリックしたスプライトを削除することができます。ただし、スプライトを削除すると、そのスプライトに作ったプログラムも同時に削除されるので注意してください。

[*12] スプライトリストで青い枠で囲まれているのが選択中のスプライトです。
[*13] スプライトとプログラムの関係については、第 6 章「2.2：背景を動かす」の「コラム：スプライトとステージ、編集画面の関係」も参照してください。

図7.18 ネズミが選択されている状態で［100歩動かす］をクリックすると……

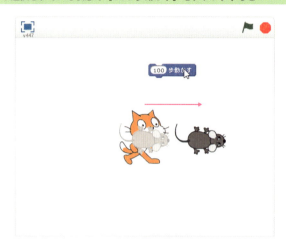

3.2 ネズミを動かすプログラム

　第6章「3.3：マウスの位置に瞬間移動」で、マウスポインターの動きに合わせてネコが動くプログラムを作ったのを覚えていますか？（→リスト6.8）　このプログラムを少し改良して、マウスポインターに合わせてネズミが動くプログラムを作りましょう。改良のポイントは次の2点です。

- ネズミの大きさを50%にする
- ネズミの顔がマウスポインターの方を向くようにする

　ステージ上のネコとネズミを見比べると、私たちがイメージするネズミよりもずいぶん大きく感じませんか？　最初に［見た目］カテゴリーの ［大きさを 50 % にする］ を実行して、ネズミを半分の大きさにしておきましょう。その後、［動き］カテゴリーの ［マウスのポインター ▼ へ行く］ をずっと実行し続ければマウスポインターに合わせてネズミが動くのですが、ここで2つ目の改良ポイントです。マウスポインターが動く方向にネズミの顔を向けるには、どうすればよいと思いますか？

　これには ［マウスのポインター ▼ へ向ける］ を利用します。しかし、ネズミの回転の種類が

「左右のみ」*14 のままでは、うまくマウスポインターの方を向きません。あらかじめ 回転方法を 自由に回転 にする を実行して、360度すべての方向を向くようにセットしておきましょう。

以上のことをプログラミングしたものが、リスト7.8です。プログラムを作る前に、スプライトリストでネズミが選択されていることを確認してくださいね。

リスト 7.8 マウスポインターに合わせてネズミが動くプログラム (◉list7-8.sb2)

```
大きさを 50 % にする
回転方法を 自由に回転 にする
ずっと
  マウスのポインター へ向ける
  マウスのポインター へ行く
```

作ったプログラムをクリックして実行してみましょう。ステージの上でマウスポインターを動かすと、それに合わせてネズミが動きましたか? このときネズミはマウスポインターの方を向いていますか? (→図7.19)

図7.19 マウスポインターを動かすと、それに合わせてネズミが動く

実は、リスト7.8 はこれで完成ではありません。なぜなら、今の状態ではネズミが単独で動くだけだからです。せっかくステージにはネコとネズミの2つのスプライトがあるのですから、この2つを連携して動くようにしたいですね。その

---

*14 回転の種類が「左右のみ」のときは、y軸を基準に左か右のどちらかにネズミの向きが固定されます。

方法は、この後の「3.4：合図を送ってネズミを動かす」で説明します。

3.3 ネコを動かすプログラム

　前の項では、マウスポインターの動きに合わせてネズミが動くプログラムを作りました。ここではそのネズミを追いかけるように、ネコのプログラムを作りましょう。これは第6章「3.4：マウスの後ろを追いかける」で作ったのですが覚えていますか？（→リスト 6.10）　リスト 7.9 は、そのプログラムに「**もし、マウスポインターまでの距離が 10 よりも小さければ、90 度に向ける**」を追加したプログラムです。この処理を追加すると、ネコがマウスポインターに追いついたとき、必ず右を向いて止まるようになります[*15]。また、 がクリックされたとき の直後の 前に出す は、ネコとネズミが重なったとき、ネコを上にするための命令です。これを省略すると、ネコの上にネズミが表示されます。

リスト 7.9　ネコがマウスポインターを追いかけるプログラム（list7-9.sb2）

```
がクリックされたとき
前に出す
回転方法を 自由に回転 にする
ずっと
　もし マウスのポインター までの距離 > 10 なら
　　マウスのポインター へ向ける
　　10 歩動かす
　でなければ
　　90 度に向ける
```

さて、どうすればこのプログラムを実行できますか？　簡単ですね。先頭に

[*15] なくてもかまわない処理ですが、止まっているときはまっすぐに立っている方が落ち着くでしょう？

がクリックされたとき があるので、ステージ右上のスタートボタンをクリックしましょう。マウスポインターを追いかけるようにネコが動きましたか？ また、マウスポインターに追いついたとき、ネコは右向きで停止しましたか？ ネコは動くけれど、ネズミが動かない？ それで正解です。なぜなら、リスト7.9のどこにもネズミに合図を送る命令はないでしょう？

3.4 合図を送ってネズミを動かす

プログラムを実行するには、何か「きっかけ」が必要です。その「きっかけ」のことを、プログラミングの世界では「イベント」と言うのでしたね。[イベント]カテゴリーの中を見てみましょう。この中に メッセージ1▼ を送る というブロックがあります。ほかのスプライトにプログラム実行の合図を送る[*16]ときは、このブロックを使います。

ブロックパレットの中で メッセージ1▼ を送る の「▼」をクリックして、[新しいメッセージ...]を選択してください。図7.20右の画面が表示されます。**メッセージ**は「**プログラムを実行する合図**」という意味です。どんなプログラムを実行するのか、どのような合図を送るのか、これらがわかるような名前を工夫して付けてください。今回は「**走れネズミ**」にしましょう。

図7.20 新しいメッセージを作る

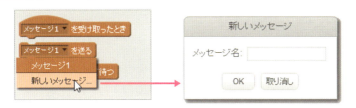

[*16] もう少し正確に説明すると、[メッセージ1を送る]は、すべてのスプライトに対して合図を送る命令です。自分自身もこの合図を受け取って、プログラムを実行することができます。詳しくは、この後の「コラム：新しいブロックとメッセージ（合図）の違い」を参照してください。

合図を送る側[*17]（ネコ）のプログラム

図 7.20 右で名前を入力して［OK］ボタンをクリックすると、ブロックができます（→ 図 7.21）。これがプログラムを実行する合図です。リスト 7.10 はネコのプログラム（→ リスト 7.9）に、このブロックを追加したプログラムです。これでネコのプログラムを開始した直後に「**走れネズミ**」という合図を送るようになりました。

図 7.21 ［走れネズミを送る］ブロック

リスト 7.10 リスト 7.9 に［走れネズミを送る］ブロックを追加したプログラム（→ list7-10.sb2）

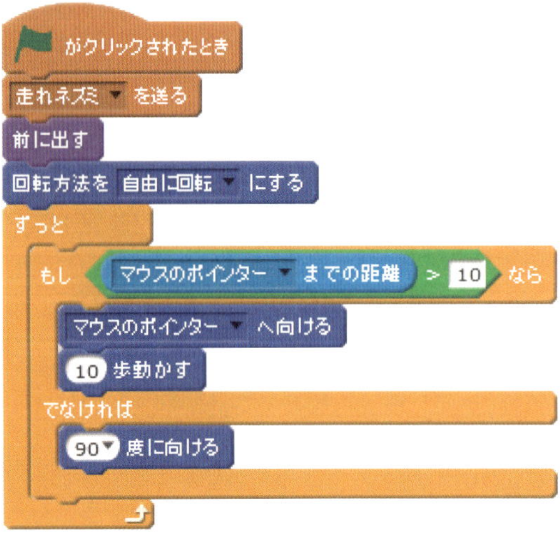

合図を受け取る側[*18]（ネズミ）のプログラム

ネコが送った合図を誰が受け取るのか？ 今回はもちろんネズミですね。スプ

[*17] プログラミングの世界では、合図（メッセージ）を送る側を**センダー**（*sender*）と言います。
[*18] プログラミングの世界では、合図（メッセージ）を受け取る側を**レシーバー**（*receiver*）と言います。

ライトリストでネズミを選択して、ネズミのプログラムの編集画面を表示してください。[イベント]カテゴリーの中に ■走れネズミ▼を受け取ったとき■ というブロックがありますね[*19]。合図を受け取ったときに実行するプログラムは、このブロックの下に記述します。

リスト 7.11 は「3.2：ネズミを動かすプログラム」で作ったプログラム（→ リスト 7.8）の先頭に ■走れネズミ▼を受け取ったとき■ を追加したプログラムです。これでネコが送った合図（**走れネズミ**）をネズミが受け取るようになりました。

リスト 7.11 リスト 7.8 を「走れネズミ」の合図を受け取るように改良したプログラム（→list7-11.sb2）

```
走れネズミ▼ を受け取ったとき
大きさを 50 ％にする
回転方法を 自由に回転▼ にする
ずっと
    マウスのポインター▼ へ向ける
    マウスのポインター▼ へ行く
```

では、ステージ右上のスタートボタンをクリックしてプログラムを実行してください。マウスを動かすと、それに合わせてネズミが動きましたか？ そのネズミを追いかけてネコがステージを駆け回れば大成功です（→ 図 7.22）。

図 7.22 マウスポインターを動かすと、ネコがネズミを追いかける

[*19] 「そんなブロック、見つからないよ？」という人は［**メッセージ1を受け取ったとき**］の「▼」をクリックしてください。「**走れネズミ**」があるでしょう？

Column 新しいブロックとメッセージ（合図）の違い

　この章の「1：オリジナルのブロックを作ろう」で、新しいブロックを作る方法を紹介しました。決まった処理を行うプログラムは、ブロックにしておくと何かと便利[20]でしたね。また、ブロックには引数を渡すこともできるので、たとえば `定義 ジャンプする (高さ)` のようにブロックを定義すれば、ジャンプの高さも簡単に変えられるようになります。ただし、新しく作ったブロックは、そのブロックを作ったスプライトでしか利用できません。

　一方、`メッセージ1▼ を送る` と `メッセージ1▼ を受け取ったとき` は、すべてのスプライトが利用できる命令です。ステージに登場するすべてのスプライトが合図の送り手にも受け手にもなれる、と言った方がわかりやすいでしょうか。複数のスプライトを連携して動かすときには、このブロックを利用してください。

　もちろんメッセージの送り手と受け手が一緒のスプライトでもかまいません。たとえば、ネコのプログラムを図7.23のように作ると、プログラムを開始した直後の `走れネズミ▼ を送る` によって `走れネズミ▼ を受け取ったとき` のプログラムが開始され、最初の2秒間、ネコが「待てー！」と言いながらネズミを追いかけます。

図7.23 ネコが送ったメッセージ（走れネズミ）を、ネコ自身が受け取る

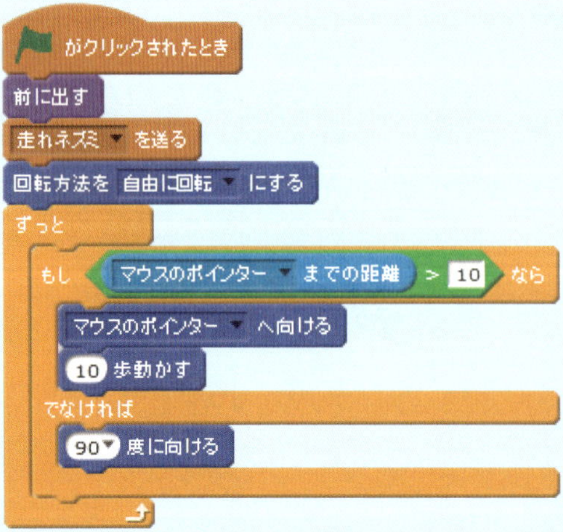

　繰り返しになりますが、`メッセージ1▼ を送る` はプログラムを実行するための合図です。合図と一緒に引数を渡すことはできないので注意してください。

---

[20] この章の「1.4：部品にすると便利になること」を参照してください。

第7章で学んだこと

○ 次のようなときは新しいブロックを作る
　・Scratch にはない機能を自分で作る
　・処理のまとまった部分を独立させて部品にする
○ 部品にする（新しいブロックを作る）ことのメリット
　・プログラムの内容がわかりやすくなる
　・プログラムの間違いを発見しやすくなる
　・再利用できる
○ イベントとは、プログラムを動かすための合図
○  は、人間が送る合図
○ プログラムから合図を送るときは
　 を使う
○ メッセージを利用すると、
　複数のスプライトを連携して動かすことができる

第8章 お掃除ロボットを作ろう！

スマートフォンの普及により**アプリ**という呼び方が一般的になりましたが、正しくは**アプリケーション**。これは**決まった目的のために作られたプログラム**という意味です。ここまでプログラミングの勉強をしてきたのですから、最後はアプリ開発にチャレンジしましょう。

テーマは留守中に自動で部屋を掃除してくれる「あの」お掃除ロボットです。家電売り場で実演されているのを見たことはありませんか？ ステージをあなたの部屋に見立てて、部屋中をきれいに掃除してくれるロボットを作りましょう。

1 ロボットの出来上がりをイメージする

　まずは家電売り場のお掃除ロボットを思い出してください。どのような機能があると思いますか？　もちろん、本物のお掃除ロボットは多機能、高性能ですが、まったく同じものを目指す必要はありません。ステージ上のスプライトがお掃除ロボットのような動きをすればOKとしましょう。では、想像してください——

　お掃除ロボット、名前は「コロ丸」にしましょうか。コロ丸は普段、充電台で待機しています。そして合図があったら、掃除開始です。部屋（ステージ）中を自由に動き回りましょう。もしも部屋に机や椅子のような障害物があったら、そこで止まってはいけいません。障害物を避けて動き続けるようにしましょう。そして掃除し残した部分がなくなったら、充電台に戻って掃除完了です！

　と、うまくいけばよいのですが、Scratchで「掃除し残した部分がなくなったら」を判定するのは、ちょっと難しいのです。そこで今回はタイマー機能を利用して、指定した時間が経過したら掃除を完了して充電台に戻るようにしましょう。それまでにどれだけ部屋をきれいにできるか、つまり、コロ丸をどのように動かすかが今回のプログラムのカギになります。

2 掃除の仕方を決める

みなさんは普段、どのように掃除機をかけますか？ 図8.1左のようにテキトーにかけるタイプ？ それとも図8.1右のように端から順番にかけるタイプ？ 後者の方が効率よく掃除できそうですが、はたして本当にそうでしょうか。両方のプログラムを作って、実際に動きを確認してみましょう。以降は図8.1左のタイプを「**ランダムモード**」、図8.1右のタイプを「**直進モード**」と呼ぶことにします。ただし、1つのプログラムで掃除モードを切り替えるのは大変なので、今回は「ランダムモードのプログラム」と「直進モードのプログラム」を、別のファイル[*1]に分けて作りましょう。

図 8.1 2種類の掃除モード

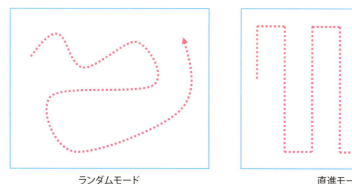

ランダムモード　　　　　　　　　直進モード

ところで、スプライトを動かす方法は覚えていますか？ スプライトを動かすには

Ⓐ「向き」と「歩数」で指定する方法

[*1] 付属CD-ROMでは「ランダムモードのプログラム」を list8-random.sb2、「直進モードのプログラム」を list8-linear.sb2 という名前で収録しています。

❷移動先の「x座標」と「y座標」で指定する方法

の2つの方法*2があります。せっかくですからランダムモードのプログラムは❶の方法、直進モードのプログラムは❷の方法で作ることにしましょう。

*2 　第6章「3.1:「動き」を数値で表す方法」を参照してください。

3 部屋のレイアウトを決める

　図8.2は、コロ丸が掃除する部屋です。充電台（スプライト名：Home Button）は部屋の左端中央に置くことにします。また、家具の代わりに今回はバスケットボール（Basketball）とPC（Laptop）を置きましょう。

　主人公のコロ丸をどのスプライトにするかは、みなさんの自由です。本書では部屋をコロコロ転がるイメージで「Beachball」を使うことにしました。

図8.2 コロ丸が掃除する部屋

　最初にステージをデザインしましょう。Scratchを起動した直後、または［ファイル］－［新規］メニューを実行して新しいファイルを作成したとき、ステージにはネコがいますが、今回ネコの出番はありません。スプライトリスト上のネコを右クリックして［削除］を実行してください。

ネコの代わりにプログラムの主人公になるのは、お掃除ロボット、コロ丸です。スプライトライブラリーから「Beachball」を選択してください[*3]。また、充電台には「Home Button」を使います。同じようにスプライトライブラリーから「Home Button」を選択して追加してください。この充電台はステージ左端の中央に置くのですが、どうやって位置を決めたらいいと思いますか？ おおよその位置にドラッグしてもかまわないのですが、きちんと置きたいという人は、Home Button の大きさから置く場所を決めましょう。これは第 6 章「4.3：「端に触れる」ってどういうこと？」でやりました。覚えていますか？

図 8.3 のように Home Button を囲む四角がステージ左端に触れるとき、Home Button の x 座標は「-240 ＋（Home Button の幅 ÷ 2）」で表されます。図 8.3 をよく見て、じっくり考えてくださいね。Home Button の大きさは 70 × 62[*4] ですから、x 座標は -240 ＋（70 ÷ 2）で -205、y 座標はステージ中央に合わせればよいので 0 です[*5]。

位置が決まったら、ブロックパレットの［動き］カテゴリーで `x座標を -205`、`y座標を 0 にする` のように引数を設定し、ブロックをクリックしましょう[*6]。ステージ左端中央に Home Button が移動しましたね。

また、コロ丸は充電台からスタートするので、スプライトリストでコロ丸を選択した後、ブロックパレットで `Home Button へ行く`[*7] をクリックしてください。コロ丸が Home Button の位置に移動します。「コロ丸が Home Button の下に隠れる[*8]のは嫌だ！」という人は、［見た目］カテゴリーの `前に出す` をクリックしてください。

あとは家具の代わりにバスケットボール（Basketball）と PC（Laptop）を追加しましょう。場所はどこでもかまいません。好きな位置に配置してください。以上でステージのデザインは完了です。

[*3] スプライトを追加する方法は、第 7 章「3.1：ステージにネズミを追加する」を参照してください。
[*4] スプライトリストで Home Button を選択した後、［コスチューム］タブをクリックすると大きさを確認することができます。
[*5] スプライトの中心が、そのスプライトの x 座標と y 座標になります。
[*6] スプライトリストで Home Button が選択されている状態で、ブロックをクリックしてください。
[*7] ［動き］カテゴリーのブロックです。「▼」をクリックして［Home Button］を選択してください。
[*8] コロ丸と充電台のどちらが上になるかは、ステージに追加した順番で決まります。普通は後から追加したスプライトが上になります。

3 部屋のレイアウトを決める

図 8.3 Home Button の x 座標、y 座標の位置

4 ランダムモードのプログラム

　最初に「ランダムモード」で部屋を掃除するプログラムを作りましょう。これは「向き」と「歩数」を使って動き方を指定します。なお、コロ丸の軌跡を表示する方法やタイマーを利用する方法は「直進モード」でも利用します。ここで使い方をしっかりマスターしてください。

4.1 ステージ上をジグザグに動かす

　「部屋の中を適当に掃除してください」と言われたら、どうしますか？　多くの方は、「まあ、そこそこ片付けばいいだろう」という気持ちで、特に迷うことなく行動できると思います。ところが、コンピュータ制御で動くロボットは「適当に」という曖昧な指示が苦手です。最初はルールを決めて掃除を開始しましょう。

　今回はコロ丸（Beachball）が部屋を「ジグザグに掃除する」ことから始めます。実はこれも第6章「4.1：ずーっと歩き続ける」で作ったのですが、覚えていますか？　リスト8.1[*9]は、リスト6.12を1か所だけ変更したプログラムです。どこを変更したかわかりますか？　このプログラムを実行するとコロ丸が右上方向に動き出し、ステージ端に触れると跳ね返ってステージ上をジグザグに動き続けます（→図8.4）。

[*9] リスト8.1は、コロ丸に作るプログラムです。スプライトリストで「Beachball」を選択した状態で作ってください。

4 ランダムモードのプログラム

図 8.4 コロ丸がステージ上をジグザグに動き続ける

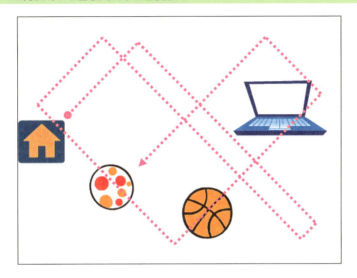

リスト 8.1 コロ丸がステージ上をジグザグに動き続けるプログラム（list8-1.sb2）

　コロ丸がジグザグに動く理由はわかりますか？　リスト 6.12 とリスト 8.1 の違いは、1 行目のスプライトの向きです。リスト 6.12 は 90 度ですが、リスト 8.1 では 45 度に変更しました。こうすることでスプライトは最初、右上方向に動いてステージ上端に斜めにぶつかります。すると もし端に着いたら、跳ね返る のおかげで、今度は右下方向に動いてステージ右端に斜めにぶつかります。この「斜めにぶつかる」[*10] のがジグザグに動くポイントです。0 度や 90 度の場合はステージの端に

[*10] 壁にぶつかる角度（入射角）と、ぶつかった後に跳ね返る角度（反射角）は等しくなります。これは物理の法則です。

まっすぐにぶつかる*11 ので、跳ね返った後はいま通ってきた道をまっすぐに戻ることになります。同じ場所を行ったり来たりするだけでは、いつまでたっても部屋はきれいになりませんね。

4.2 コロ丸の軌跡を表示する

　コロ丸が通ったところは掃除が終わった部分なのですが、いまのままではどこを掃除したのかがわかりません。そこでScratchのペンの機能を使って、スプライトが通った軌跡を描画しましょう（➡図8.5）。スプライトの軌跡を描画するための命令は、[ペン] カテゴリーにまとめられています。

図8.5 コロ丸の軌跡をペンの機能を使って表示する

　`ペンの色を■にする` の四角をクリックすると、マウスポインターが指の形に変わります（➡図8.6左）。この状態で画面をクリックすると、クリックした位置の色をペンの色にすることができます。たとえば、マウスポインターが指の形状のときに[調べる] カテゴリーの水色の部分をクリックすると、水色のペンでスプラ

*11　リスト6.12、リスト6.13を動かしてみましょう。

イトの軌跡を描画することができます。

図 8.6 ［ペンの色を　にする］で色を指定する

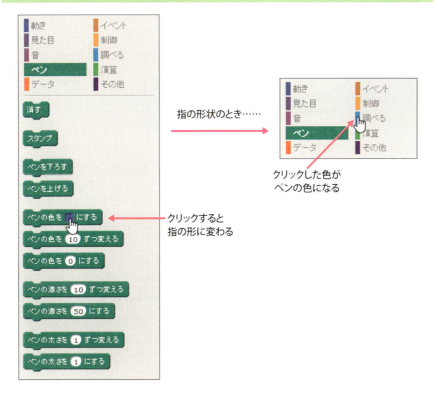

　ペンの太さは ペンの太さを●にする で設定します。コロ丸のサイズは 70 × 62 なので、それよりも少し小さい値にするとよいでしょう。次ページのリスト 8.2 は、リスト 8.1 にコロ丸の軌跡を描画する処理を追加したプログラムです。3 行目の ペンを下ろす が描画開始の合図です。プログラムができたら、さっそく実行してみてください。どこまで掃除できたかわかるようになりましたね。

リスト8.2 コロ丸が軌跡を描きながら動き続けるプログラム（list8-2.sb2）

```
ペンの色を ■ にする
ペンの太さを 50 にする
ペンを下ろす
45▼ 度に向ける
ずっと
    5 歩動かす
    もし端に着いたら、跳ね返る
```

Column 軌跡を消す方法

［ペン］カテゴリーの 消す ブロックをクリックしてください。これまでに描画した内容をすべて消去することができます。

4.3 家具にぶつかったときはどうする？

さて、コロ丸の軌跡がわかったところで何か気になりませんか？ 何も気にならない？ 困りましたね。もう一度最初に戻って確認しましょう。

——コロ丸は普段、充電台で待機しています。そして合図があったら、掃除開始です。部屋（ステージ）中を自由に動き回りましょう。もしも部屋に机や椅子のような障害物があったら、そこで止まってはいけません。障害物を避けて動き続けるようにしましょう。——

ほら、「障害物を避けて」と書かれていますね。ところが、図8.5のコロ丸は障害物を避けるどころか平気で通過していきます。「コンピュータの中だから当たり前だ」なんて言わないでくださいね。

Scratchには他のスプライトに触れたかどうかを確認するとても便利なブロック、 ▼ に触れた [*12] があります。これを使って、他のスプライトに触れたときは

---
*12 このブロックは［調べる］カテゴリーにあります。

4 ランダムモードのプログラム

方向を変えて動き続けるようにプログラムを変更しましょう。ここまでの処理の流れは、図 8.7 のようになります。

図 8.7 ランダムモードのプログラム（暫定版）の処理の流れ

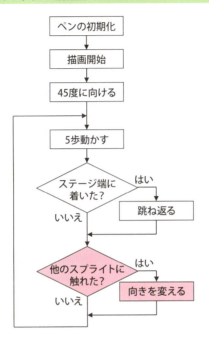

図 8.7 の色の付いた部分は、「もし他のスプライトに触れたなら、方向を変える」という処理です。条件式の部分をもう少し正確に表現すると、「もし Home Button に触れた、または、Basketball に触れた、または Laptop に触れたなら」になります。 ◆または◆ をうまく組み合わせて作りましょう。

また、他のスプライトに触れたときはコロ丸の進む方向、つまり向きを変えるのですが、これには ⏪ 15 度回す を使いましょう。次ページのリスト 8.3 は、図 8.7 をもとに作ったプログラムです。

251

リスト 8.3　ランダムモードのプログラム（暫定版）　(list8-3.sb2)

```
ペンの色を ■ にする
ペンの太さを 50 にする
ペンを下ろす
45 度に向ける
ずっと
  5 歩動かす
  もし端に着いたら、跳ね返る
  もし < Home Button に触れた > または < Basketball に触れた > または < Laptop に触れた > なら
    ↻ 15 度回す
```

　リスト 8.3 を実行すると、充電台やバスケットボール、PC に触れたところで、コロ丸が向きを変えるようになりました（➡図 8.8）。このときにコロ丸と他のスプライトが一部重なったように見えることがありますが、これは大目に見てください。

図 8.8　他のスプライトに触れたときは方向を変えるようになった

252

4 ランダムモードのプログラム

　しかし、他のスプライトと触れたときに重なる件は目をつぶるとして、充電台からスタートした途端にくるくる回るのは気になりますね。この現象が発生する理由は、「プログラムを開始したときに、コロ丸と充電台が同じ位置にあるから」です。スタートしてすぐに Home Button に触れるので右に 15 度回転。続けて 5 歩動いたところで再び Home Button に触れて右に 15 度回転……という処理を繰り返すために充電台付近でくるくる回ってしまうのです。

　この現象を回避するには、コロ丸を充電台の外に出してから掃除を開始することです。図 8.9 のように Home Button とコロ丸を並べると、コロ丸の x 座標は「Home Button の x 座標 ＋ 70[13]」、y 座標はステージ中央ですから 0 で表すことができますね[14]。

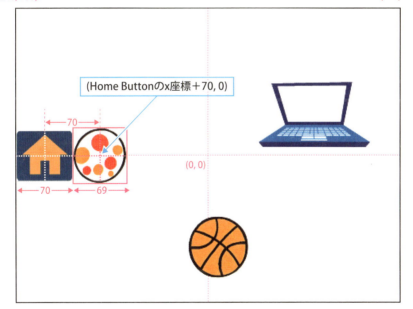

図 8.9 充電台（Home Button）のとなりにコロ丸を並べる

*13　コロ丸の大きさは 69 × 66 です。スプライトの大きさは［コスチューム］タブをクリックすると確認できます。
*14　Home Button の x 座標は［調べる］カテゴリーの下の方にある［x 座標（スプライト 1）］で調べることができます

リスト8.4は、図8.9の位置にコロ丸を移動してから掃除を開始するように変更したプログラムです。前回の描画内容が残っていたら、それを消去する処理も追加しました。プログラムを実行すると、リスト8.3よりもスムーズにコロ丸が動き出すはずです（→図8.10）。また、プログラムを実行する前に 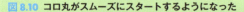 をクリックして、前回の描画をいちいち消去する手間もなくなりましたね。

図 8.10 コロ丸がスムーズにスタートするようになった

リスト 8.4 スムーズにスタートするように改良したプログラム（list8-4.sb2）

4.4 タイマーをセットする

だんだんお掃除ロボットらしくなってきましたね。時間をかければ、ステージ全体を掃除することができそうです。しかし、いつまでも放っておくわけにはいきません。Scratchのタイマー機能を利用して、一定時間が経過したら掃除を終了して充電台に戻る処理を追加しましょう。

［調べる］カテゴリーの下の方に タイマー があります。これをチェックする（☑）と、ステージ上に数字が表示されます（→図8.11左）。この値をよく見てください。値がどんどん増えていませんか？ ステージ上の数字を見ながら、今度は タイマーをリセット をクリックしてください。一瞬、値が0になって、再び増え続けるでしょう？（→図8.11右）。

図8.11 ［タイマー］の機能を試してみる

Scratchは内部的に時計のようなものを持っていて、 タイマー にはScratchを起動してから現在までの経過時間が0.1秒単位で表示されています。この値は タイマーをリセット を実行すると0で初期化され、再び経過時間を計り始めます。このタイマーを利用すれば、経過時間を見て掃除を終了することができそうですね。あなたなら、どのようにプログラムを作りますか？

第8章 お掃除ロボットを作ろう！

まずは日本語で考えましょう。「経過時間を見て掃除を終了する」だけでは、コロ丸に伝わりません。理由は「どのくらいの時間が経過したら掃除を終了するのか、その時間が指定されていないから」です。コロ丸にもわかるように指示するには、「60秒経過したら、掃除を終了する」のように、具体的な時間を示さなければいけません。

図8.12は、掃除を開始して60秒経過したら、掃除を終了して充電台に戻る処理を追加したフローチャートです。背景が青色の部分の処理を行っている間、コロ丸は掃除をしています。

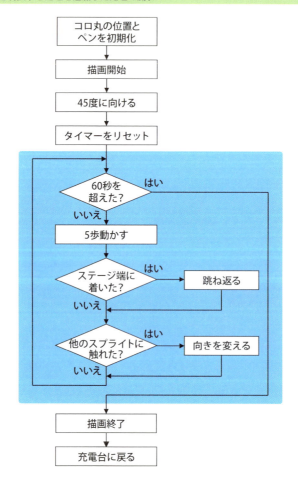

図8.12 時間を制限する処理を追加した処理の流れ

4 ランダムモードのプログラム

　図8.12をもとにプログラミングしてみましょう（→リスト8.5）。なお、これまでは ずっと を使ってコロ丸を動かしていましたが、タイマーを使って掃除を終了するのですから、ここからは まで繰り返す を使った繰り返し処理になります。

リスト8.5　時間を制限する処理を追加したプログラム（●list8-5.sb2）

```
x座標を (x座標▼ ( Home Button▼ )) + 70、y座標を 0 にする
消す
ペンの色を ■ にする
ペンの太さを 50 にする
ペンを下ろす
45▼ 度に向ける
タイマーをリセット
タイマー > 60 まで繰り返す
    5 歩動かす
    もし端に着いたら、跳ね返る
    もし Home Button▼ に触れた または Basketball▼ に触れた または Laptop▼ に触れた なら
        ↻ 15 度回す
ペンを上げる
2 秒でx座標を (x座標▼ ( Home Button▼ )) に、y座標を (y座標▼ ( Home Button▼ )) に変える
```

　プログラムを実行してみてください。コロ丸が動き出すと同時に、タイマーが0からスタートしましたか？[*15]　そのまま60秒間、コロ丸の動きをじっと見守ってください。タイマーの値が60を超えると、コロ丸はゆっくりと充電台に戻っていきます。 ペンを上げる を実行しているので、充電台に戻るときの軌跡は描画されません。

[*15] ステージ上にタイマーの値が表示されていない場合は、ブロックパレットで［タイマー］の左側の□をチェックしてください。

4.5 ステージ上をランダムに動かす

ここまでのところでお掃除ロボットは、ほぼ完成です。しかし、何度プログラムを実行しても、コロ丸は毎回同じ場所しか掃除をしません。もちろん、バスケットボールやPCの位置を変更すると違う軌跡になるのですが、それでもプログラムを開始した直後は必ず同じ方向に向かって動きます。理由はわかりますか？

これは掃除を開始する前に `45▼度に向ける` を実行して、動き始めの方向を固定しているからです。ということは？　この値を毎回違う値にすれば、コロ丸の動き方も毎回変わるということです。

［演算］カテゴリーの中に `1から10までの乱数` があるので、これをクリックしてみてください。ブロックの右肩に数字が表示されますね。この値を覚えておいて、もう一度、クリックしてみてください。先ほどの数字と同じ値ですか？　それとも違う値ですか？　もう一度、クリックしてみてください。クリックするたびに違う値が表示されませんか？（→図8.13）

図8.13 ［1から10までの乱数］ではランダムな値が表示される

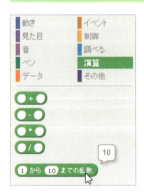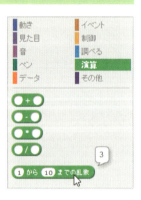

クリックするたびに、違う値が表示される

10、4、3、8、2、9……のように**規則性のない数の並びのことを乱数**と言います。つまり、`1から10までの乱数` をクリックして表示される値は、1、2、3、4、5、

4 ランダムモードのプログラム

6、7、8、9、10 の中から Scratch が無作為に選んだ値です。この「無作為に」[*16] というのがポイントで、どの数字が選ばれるかは実行するまでわかりません。時には同じ値が続けて選ばれるかもしれませんが、それはコンピュータが無作為に選んだ結果であり間違いではありません。乱数を利用すれば、コロ丸の最初の向きも自由に決められますね。さっそくやってみましょう。

最初に［データ］カテゴリーで `方向` という名前の変数を作成してください。理由は、「Scratch が選んだ値をプログラムの中で利用できるように覚えておくため」です。変数に値を入れる方法は覚えていますか？[*17] 変数を作ったときに追加される `方向▼を 0 にする` ブロックを使うのでしたね。今回は `方向▼を 1 から 179 までの乱数 にする` にしましょう。「どうして 0 から 180 にしないの？」と不思議に思った人は、この章の「4.1：ステージ上をジグザグに動かす」に戻って確認[*18]してください。乱数の範囲を 1 から 179 にしたのは、0 と 180 が選ばれるのを避けるためです。

「でも、90 が選ばれたらどうするの？」――よく気が付きましたね。90 度の角度でステージ端に触れたときも、コロ丸はまっすぐに戻ってきてしまいます。それでは困るので、乱数を取得した後に値を確認しましょう。「**もし方向（Scratch が選んだ乱数）が 90 であれば、方向に 1 を足す**」というようにしておけば、角度はほんのわずかですが、コロ丸はステージ上をジグザグに動くことができます。もちろん、`45▼ 度に向ける` にしていた部分を `方向 度に向ける` に変更するのを忘れないでくださいね。

次ページのリスト 8.6 は、コロ丸の最初の向きを乱数でセットするプログラムです。また、充電台やバスケットボール、PC に触れたときは `⤺ 15 度回す` にしていましたが、これも `⤺ 方向 度回す` に変更しました。これで他のスプライトにぶつかったときにも、これまでとは違う跳ね返り方をするようになります。

- [*16] 「ランダムモード」のランダムを英語で書くと random。これは「手当たり次第に、無作為に」という意味です。
- [*17] 第 3 章「3.2：変数に値を入れる」を参照してください。
- [*18] 動き始めの方向が 0 度や 90 度、180 度では、ステージ上をジグザグに動くことができません。

第8章 お掃除ロボットを作ろう！

リスト 8.6 ランダムな方向に進むよう処理を追加したプログラム （→list8-6.sb2）

変数： 方向

（ブロックプログラム図）
- x座標を x座標▼(Home Button) + 70 、y座標を 0 にする
- 消す
- ペンの色を ■ にする
- ペンの太さを 50 にする
- ペンを下ろす
- 方向▼ を 1 から 179 までの乱数 にする
- もし 方向 = 90 なら
  - 方向▼ を 方向 + 1 にする
- 方向 度に向ける
- タイマーをリセット
- タイマー > 60 まで繰り返す
  - 5 歩動かす
  - もし端に着いたら、跳ね返る
  - もし Home Button に触れた または Basketball に触れた または Laptop に触れた なら
    - 方向 度回す
- ペンを上げる
- 2 秒でx座標を x座標▼(Home Button) に、y座標を y座標▼(Home Button) に変える

4.6 変数を使ってメンテナンスしやすくする

　リスト 8.6 を実行してみて、いかがでしたか？　お掃除ロボットとして、ほぼ満足のいくものになりましたか？　時間内にうまく掃除ができないときは、 タイマー > 60 まで繰り返す に設定した時間を長くしてみましょう。また、コロ丸をもっと速く動かしたいときは 5 歩動かす の歩数を増やしてみてください。

　このように引数はいつでも変更できるのですが、プログラムが長くなってくると対象のブロックを探すのが大変になってきます。そこで変数を利用して、プログラムの最初の方で値を初期化しておきましょう。リスト 8.7 は、 時間 と 速さ

4 ランダムモードのプログラム

という変数を使ってリスト 8.6 を書き換えたプログラムです。これなら値を変更するのも簡単ですね。

「変数に値を代入したのに掃除時間もコロ丸の速度も変わらない！」という人は、プログラムをもう一度確認してください。変数に代入した値を使ってコロ丸が掃除をするには、`タイマー > 60 まで繰り返す` と `5 歩動かす` の引数も `時間` と `速さ` に変更しなければなりません。忘れていませんか？

リスト 8.7 リスト 8.6 を改良したプログラム（list8-7.sb2）

変数： 方向　時間　速さ

```
x座標を x座標(Home Button) + 70、y座標を 0 にする
消す
ペンの色を ■ にする
ペンの太さを 50 にする
ペンを下ろす
時間 を 60 にする
速さ を 5 にする
方向 を 1 から 179 までの乱数 にする
もし 方向 = 90 なら
    方向 を 方向 + 1 にする
方向 度に向ける
タイマーをリセット
タイマー > 時間 まで繰り返す
    速さ 歩動かす
    もし端に着いたら、跳ね返る
    もし Home Button に触れた または Basketball に触れた または Laptop に触れた なら
        ⟲ 方向 度回す
ペンを上げる
2 秒で x座標を x座標(Home Button) に、y座標を y座標(Home Button) に変える
```

4.7 プログラムを部品化してメンテナンスしやすくする

図 8.14 はランダムモードのプログラムです。「これで完成！」でもよいのですが、最後にもう 1 つだけ——。

第 7 章「1.4：部品にすると便利になること」を覚えていますか？ 詳しい内容は第 7 章に戻って確認していただくとして、プログラムの中でまとまった処理を行う部分は、部品（新しいブロック）にしておくと便利なことがいろいろあります。図 8.14 の場合は、ペンや変数の初期化、コロ丸が掃除をする処理は独立させることができそうです。

図 8.14 リスト 8.7 の中にあるまとまった処理

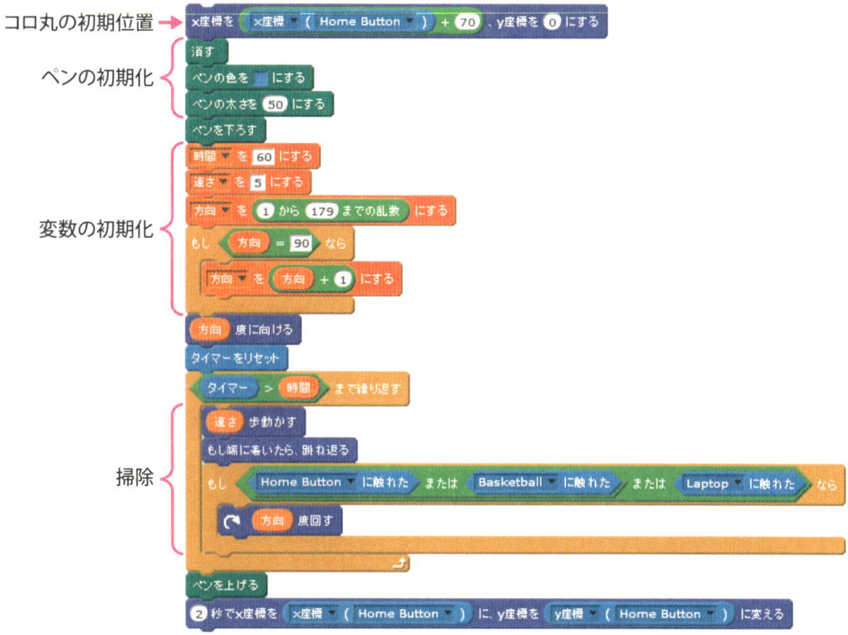

（コロ丸の初期位置：x座標を x座標▼（Home Button）+ 70、y座標を 0 にする）

ペンの初期化：
- 消す
- ペンの色を ■ にする
- ペンの太さを 50 にする
- ペンを下ろす

変数の初期化：
- 時間▼ を 60 にする
- 速さ▼ を 5 にする
- 方向▼ を 1 から 179 までの乱数 にする
- もし 方向▼ = 90 なら
  - 方向▼ を 方向▼ + 1 にする

- 方向▼ 度に向ける
- タイマーをリセット
- タイマー▼ > 時間▼ まで繰り返す

掃除：
- 速さ▼ 歩動かす
- もし端に着いたら、跳ね返る
- もし Home Button▼ に触れた または Basketball▼ に触れた または Laptop▼ に触れた なら
  - 方向▼ 度回す

- ペンを上げる
- 2 秒で x座標を x座標▼（Home Button）に、y座標を y座標▼（Home Button）に変える

では、ブロックを作っていきましょう。

［初期化］ブロックを作る

　［その他］カテゴリーで［ブロックを作る］をクリックして、初期化 ブロックを作成してください。リスト 8.8 は 初期化 ブロックで実行する処理です。

リスト 8.8 ［初期化］ブロックのプログラム（→list8-8.sb2）

```
定義 初期化
x座標を x座標 ▼ ( Home Button ) + 70 、y座標を 0 にする
消す
ペンの色を ■ にする
ペンの太さを 50 にする
時間 ▼ を 60 にする
速さ ▼ を 5 にする
方向 ▼ を 1 から 179 までの乱数 にする
もし 方向 = 90 なら
    方向 ▼ を 方向 + 1 にする
```

［掃除をする[速さ]］ブロックを作る

　［その他］カテゴリーで［ブロックを作る］をクリックして、「掃除をする」という名前のブロックを作成してください。コロ丸が動く速さを引数で指定できるように、このブロックには数値の引数を追加してください（→次ページ図 8.15）[19]。引数の名前は「**速さ**」[20] にしましょう。次ページのリスト 8.9 は、定義 掃除をする 速さ ブロック内で実行する処理です。2 行目の 速さ 歩動かす の 速さ は、定義 掃除をする 速さ ブロックの引数です。［データ］カテゴリーで作成した変数 速さ ではないので注意してください。

---

[19] 図 8.15 で［オプション］をクリックすると、ブロックに引数を追加できるようになります。
[20] 「コロ丸のプログラムに［速さ］という名前の変数があるのに、同じ名前の引数をブロックの中で使ってもいいの？」と思ったかもしれませんが、これは問題ありません。詳しい説明は省略しますが、ブロックに渡す変数と、それを受け取る引数が同じ名前というのは、本格的なプログラミング言語でも認められています。

263

図8.15 ［掃除をする］ブロックを作成し、数値の引数を追加する

リスト8.9 ［掃除をする [速さ]］ブロックのプログラム（list8-9.sb2）

コロ丸のプログラムを修正する

新しいブロックを作成したら、コロ丸のプログラムを修正しましょう（リスト8.10）。先頭には がクリックされたとき を追加しました。

以上でランダムモードのプログラムは完成です。ステージ右上のスタートボタンをクリックして、プログラムを実行してみましょう。うまく掃除できましたか？掃除の時間やコロ丸の速度を変えて、いろいろ試してみましょう。どうしてもうまく掃除できないときは、コロ丸の限界です。家具（バスケットボールやPC）の位置を変えてあげてください。

4 ランダムモードのプログラム

リスト 8.10　修正版のコロ丸のプログラム（list8-10.sb2）

変数： 方向　時間　速さ

```
■がクリックされたとき
初期化
ペンを下ろす
方向 度に向ける
タイマーをリセット
タイマー > 時間 まで繰り返す
  掃除をする 速さ
ペンを上げる
2 秒でx座標を x座標▼ ( Home Button▼ ) に、y座標を y座標▼ ( Home Button▼ ) に変える
```

265

5 直進モードのプログラム

部屋の隅から隅まで、きちんと掃除したい人は「直進モード」を使いましょう。直進モードは、座標を使ってコロ丸の位置を指定することで動きを表現します。また、ステージ端に触れたときに向きを変える処理もプログラミングしなければなりません。少し複雑なプログラムになりますが、がんばりましょう。

なお、スプライトやステージのデザインは「ランダムモード」と同じものを使用します。詳しくは、この章の「3：部屋のレイアウトを決める」を参照してください。

5.1 動き方のルールを決めよう

直進モードとは、充電台からステージ端に向かってコロ丸がまっすぐに進むモードです。ステージ端に触れたら横方向に位置をずらして、今度は逆方向にまっすぐに進みます（⮕図 8.16）。これを繰り返すことで、ステージの端から端まで掃除をしましょう。なお、ステージ端で横方向にずらす量は、この後「ピッチ」と呼ぶことにします。

部屋の中に家具がなければ、図 8.16 のように一度でほぼ掃除できる[21]のですが、今回はバスケットボールと PC が置いてあります。これらに触れたときにも跳ね返るようにすると、コロ丸が通らない部分が必ず発生します。たとえば図 8.17 の場合は、バスケットボールの上側と PC の下側が掃除できなかった部分です。これではお掃除ロボットとして失格ですね。

---

[21] 図 8.16 のようにコロ丸を動かすと、充電台の下側だけが掃除できません。

5 直進モードのプログラム

図 8.16 直進モードでのコロ丸の進み方（障害物がない場合）

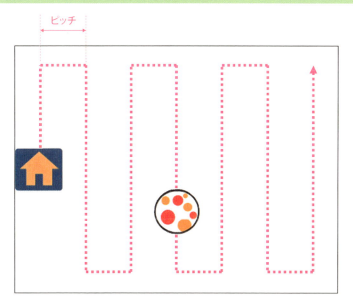

図 8.17 直進モードでのコロ丸の進み方（障害物がある場合）

一度で掃除できないのなら、動き方を変えて何度か往復すればよいのです。コロ丸には、図 8.18 の順番で動いてもらうことにしましょう。図 8.18 の●印は、コロ丸の動き始めの位置、矢印は動く方向[22] を表しています。

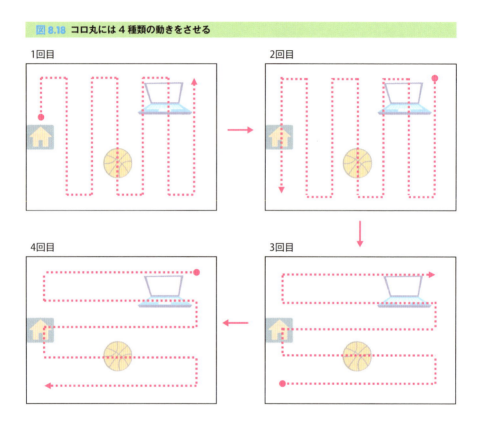

図 8.18 コロ丸には 4 種類の動きをさせる

1 回目と 2 回目は縦方向の移動です。1 回目は左から右へ、2 回目は右から左へ移動しましょう。障害物に触れて跳ね返ることで 1 回目は掃除できなかった部分も、2 回目で掃除できそうですね[23] （→ 図 8.19）。

[22] 掃除の順番をイメージしてもらうために、図 8.18 では家具を無視して直進しています。
[23] 図 8.19 はイメージ図です。必ず図 8.19 のようにうまくいくとは限りません。

5 直進モードのプログラム

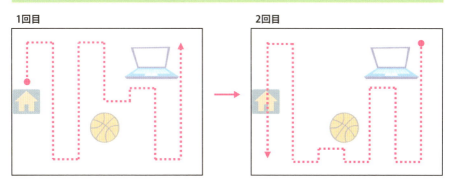

図 8.19 1回目と2回目は縦方向の移動

　しかし、家具の配置によっては縦方向の移動だけで部屋全体を掃除できないかもしれません。3回目と4回目は横方向の移動です。3回目は下から上、4回目は上から下に移動しましょう。実際に動かしてみなければ結果はわかりませんが、これだけ動けば掃除できそうな気がしませんか？

　直進モードの処理の流れを図で表すと、次ページの図 8.20 のようになります。「四角形が2種類あるぞ？」と思った方は、なかなか鋭いですね。図 8.20 で両サイドが二重線になっている部分は「縦方向の掃除」と「横方向の掃除」です。この部分は新しいブロックを作って、そこにプログラムを作りましょう。なぜ別のブロックにするのか、理由はわかりますか？[24]

---

[24] ある程度決まった処理を行うものは、独立させて新しいブロックにしておくと便利です。詳しい説明は第7章「1.4：部品にすると便利になること」を参照してください。

図 8.20 直進モードの処理の流れ

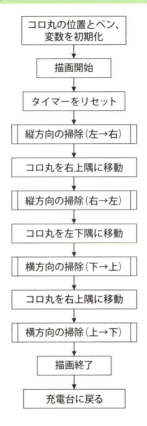

5.2 コロ丸が移動できる範囲を確認する

直進モードでコロ丸を動かすときは、 もし端に着いたら、跳ね返る ブロックが使えません。理由がわからないという人は、図 8.21 のプログラムを作って実行してみてください。スプライトはステージ上端に触れた後、その付近で上下に微妙に揺れていませんか？

図 8.21 コロ丸がステージ上端に着くとどうなるか試してみよう

　図 8.21 のプログラムを実行すると、スプライトは上方向に 5 歩ずつ移動した後、やがてステージ端に到達します。このとき もし端に着いたら、跳ね返る を実行して一度は下向きになるのですが、すぐに y座標を 5 ずつ変える によってスプライトの位置は今よりも上になります。そこで再びステージ端にぶつかって……という処理を延々と繰り返します。その結果、ステージ端で微妙に揺れ続けるのです。

　ステージ上端に触れた後、下向きに移動するには y座標を -5 ずつ変える のように、移動量を負の値にしなければなりません。そしてステージ下端に触れた後は y座標を 5 ずつ変える に戻す必要があります（→ 図 8.22）。「なんだか面倒だな……」と思うかもしれませんが、実はこれも第 6 章「4：ひとり歩きを始めたネコ」で経験済みです。記憶にありませんか？

図 8.22 ステージ端に触れたら進行方向の座標の符号を反対にする

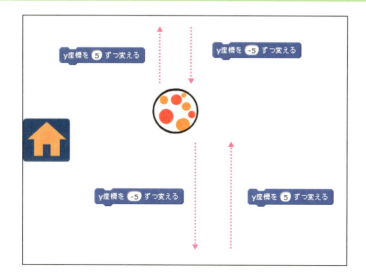

コロ丸が移動できる範囲は、図 8.23 の白色の部分です。コロ丸と充電台、そしてステージの大きさから境界線の座標を求めました。どうしてこの範囲になるのかわからないという人は、第 6 章「4.3：「端に触れる」ってどういうこと？」に戻って確認してください。

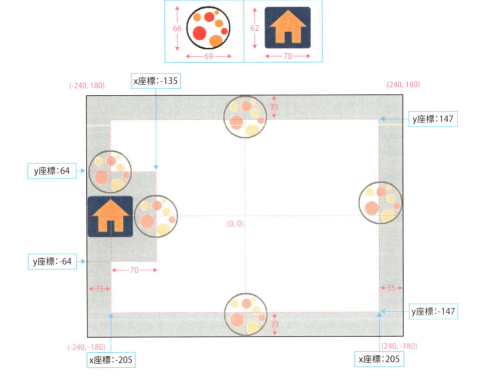

図 8.23 コロ丸が移動できる範囲

5.3 コロ丸の位置とペンを初期化する

リスト 8.11 は、コロ丸のスタート位置とペンの初期値を設定するプログラムです。ペンはコロ丸の軌跡を描画するために使います。詳しい説明は、この章の「4.2：コロ丸の軌跡を表示する」を参照してください。

5 直進モードのプログラム

　コロ丸は最初、充電台から上方向に向かって動き始めるのですが、スタート位置が充電台に重なっているとランダムモードでは不都合が起こりました[*25]。同じような現象は、直進モードでも起こります。これを回避するには、コロ丸を充電台の外に出してから掃除を開始するのでしたね。今回は充電台から上方向に動くのですから、コロ丸は図 8.24 の位置にセットしましょう。

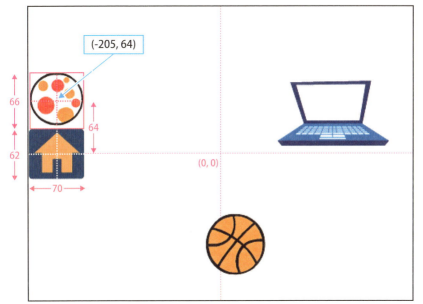

図 8.24 コロ丸のスタート位置

リスト 8.11 コロ丸のスタート位置とペンの初期値を設定するプログラム（list8-11.sb2）

[*25] この章の「4.3：家具にぶつかったときはどうする？」を参照してください。

5.4 縦方向に掃除する

図 8.25 は、コロ丸の 1 回目の掃除です。動き方のルールは

① 充電台から上方向にスタート
② ステージ端または充電台に触れたら、右に位置をずらして逆向きに移動
③ 家具（バスケットボール、PC）に触れたら、右に位置をずらして逆向きに移動
④ ステージ右端に到達するまで、②と③の動作を繰り返す

の 4 つです。あなたならどのようなプログラムを作りますか？

図 8.25 1 回目の掃除の動き

　この処理の流れをフローチャートにすると、図 8.26 のようになります。左側がコロ丸の全体的な処理の流れ、右側は縦方向に掃除するときの処理の流れです。右側のフローチャートをよく見ると、ステージ上端または下端、充電台、家具に触れたときに実行する処理はどれも同じです。もちろん 1 つにまとめてもよいのですが、プログラミングのときに　　または　　の組み合わせが複雑になるので 3 つに分けました。

5 直進モードのプログラム

図 8.26 1回目の掃除の処理の流れ

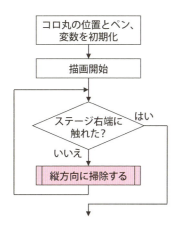
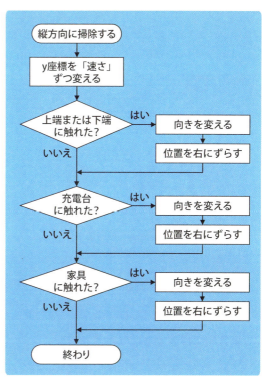

では、具体的にプログラムを考えていきましょう。

コロ丸本体のプログラムを作る

次ページのリスト 8.12 は図 8.26 左側のフローチャートをもとに作ったプログラムです。 `x座標 > 205 まで繰り返す` を使った理由はわかりますか？ コロ丸は充電台をスタートした後、縦方向の掃除をしながら左から右へ移動します。この処理はステージ右端に到達したら終了しなければなりませんね。「205」は、コロ丸が右方向に移動できるギリギリの座標[26]です。

`速さ を 5 にする` は、コロ丸の速さの初期値です。速さを変数にしておくと、ス

---

[26] この章の「5.2：コロ丸が移動できる範囲を確認する」の図 8.23 を参照してください。

テージ端で向きを変えるのも簡単[*27]です。なお、Scratchには 縦方向に掃除する ブロックはありません。［その他］カテゴリーで新しいブロックを作りましょう[*28]。

リスト 8.12　コロ丸本体のプログラム （list8-12.sb2）

変数： 速さ

（プログラムブロック図）

［縦方向に掃除する］ブロックを作る

　リスト 8.13 は、図 8.26 右側のフローチャートをもとに作ったプログラムです。ステージ端に触れたかどうかの判断は、第 6 章「4.3：「端に触れる」ってどういうこと？」と「4.4：ステージを縦横無尽に走るネコ」でやりました。その後、逆向きに動き続ける方法も「4.2：「跳ね返る」ってどういうこと？」で説明したのですが、覚えていますか？

　 x座標を x座標 + 50 にする は、何かに触れたときにコロ丸の位置を右にずらす命令です。ずらす量（ピッチ）はペンの太さと同じ 50 にしました。それよりも大きな値にすると、軌跡に隙間ができてしまいます[*29]。

[*27] 第 6 章「3.2：矢印キーで上下左右に動かす」を参照してください。
[*28] ブロックの作り方は、第 7 章「1：オリジナルのブロックを作ろう」を参照してください。
[*29] 隙間があるということは、コロ丸が掃除をしていないということです。これではお掃除ロボット失格ですね。

5 直進モードのプログラム

リスト 8.13 ［縦方向に掃除する］ブロックのプログラム (→list8-13.sb2)

```
定義 縦方向に掃除する
y座標を (速さ) ずつ変える
もし <(y座標) < -147> または <(y座標) > 147> なら
    速さ▼ を ((速さ) * -1) にする
    x座標を ((x座標) + 50) にする
もし <Home Button▼ に触れた> なら
    速さ▼ を ((速さ) * -1) にする
    x座標を ((x座標) + 50) にする
もし <<Basketball▼ に触れた> または <Laptop▼ に触れた>> なら
    速さ▼ を ((速さ) * -1) にする
    x座標を ((x座標) + 50) にする
```

動作を確認する

　プログラムができたら、コロ丸に作ったプログラムをクリックして実行しましょう。うまく掃除できましたか？　うまくいったという人は、バスケットボールやPCの位置を変えて何度かプログラムを実行してみてください。どうでしょう？　まったく問題ありませんか？　コロ丸の軌跡が次ページの図 8.27 のようになった人はいませんか？　リスト 8.13 を実行すると、家具の配置によって図 8.27 のような現象が起こることがあります。その理由を考えてみてください。

図 8.27　コロ丸の不自然な動き

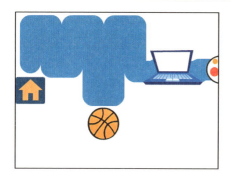

家具や充電台に触れたときの不都合を解決する

図 8.27 左は、コロ丸が PC に触れた後の軌跡がおかしいですね。順調に掃除をしていたコロ丸は、PC の左側に触れたようです。そこで

　← 進行方向を逆にする
　← 右に 50 ずらす

という処理をするのですが、図 8.27 左を見ながら動きを想像してください。右に50 ずらして上または下に 5 歩[30] 進んでも、コロ丸は PC の中にいます。つまり、コロ丸は PC に触れている状態です。再び上の 2 つの処理を繰り返して……という処理を、コロ丸が PC の外に出てくるまで繰り返すことになります。そのために図 8.27 左のような軌跡になるのです。この不具合を解消するために、家具に触れたときは横方向にずらさずに、いま通ってきた道をそのまま戻るようにプログラムを改良しましょう。

今度は図 8.27 右です。これは家具とステージ端の位置関係で起こる現象です。図 8.27 右を見ながら、コロ丸の動きを想像してください。バスケットボールの下側を通り抜ける段階で、すでにコロ丸の y 座標が −147[31] を越えていたらどうなると思いますか？　たとえば、−150 と仮定して考えましょう。このときに [速さ] の符号がマイナスだったら、コロ丸は下方向に動いて y 座標は −155 になります。−147

---

[30]　リスト 8.12 で、[速さ] の初期値を「5」にしています。
[31]　コロ丸がステージ下端に触れるギリギリの座標です。この章の「5.2：コロ丸が移動できる範囲を確認する」の図 8.23 を参照してください。

5 直進モードのプログラム

よりも小さな値ですから、ステージ端に触れたときの処理が行われますね。進行方向を上向きに変えて移動すると、y座標は−150です。ほら、何度繰り返してもy座標は−147よりも小さな値のままでしょう？ その結果、描く軌跡は図8.27右のようになります。この不具合を解消するために、コロ丸がステージ端を越えたときは、ステージ端に触れる位置に戻す処理を追加しましょう。

なお、コロ丸が充電台に触れたときも図8.27左と同じような現象が起こります[*32]。この場合は、充電台に触れる位置（「5.2：コロ丸が移動できる範囲を確認する」の図8.23に示した境界）にコロ丸を移動してください。

次ページの図8.28は修正後のフローチャートです。ステージ上端または下端に触れたときの処理に、「y座標が0より大きい？」という条件判断[*33]があります。この結果が「はい」になるのは、ステージ上端を越えたときです。ステージ上端に触れる位置にコロ丸を移動しましょう。「いいえ」のときは、コロ丸をステージ下端に触れる位置に移動してください。

充電台に触れたときにも同じ条件判断があります。「はい」になるのはy座標が0より大きい、つまり充電台の上半分にコロ丸が触れたときです。この場合は充電台の上端に触れる位置にコロ丸を移動してください。反対に「いいえ」のときは、充電台の下端に触れる位置に移動してください。

p.281のリスト8.14は、図8.28をもとに作ったプログラムです。「147」や「64」の意味は、「5.2：コロ丸が移動できる範囲を確認する」の図8.23を参照してください。なお、本格的なプログラミング言語の世界では、「147」や「64」のように具体的な値が決まっていて、実行中に変更しない値には名前を付けてプログラムを作るのが一般的です。残念ながらScratchにはその機能がないので、具体的な値をそのまま記述しました。なお、プログラミングの世界では決まった値に付けた名前を**定数**と言うので覚えておきましょう。

[*32] この現象は横方向の掃除を実行したとき顕著に発生します。
[*33] 変数の符号を判断するときに、よく利用される条件式です。

図 8.28 不都合な動きが起こらないようにした［縦方向に掃除する］ブロックの処理の流れ

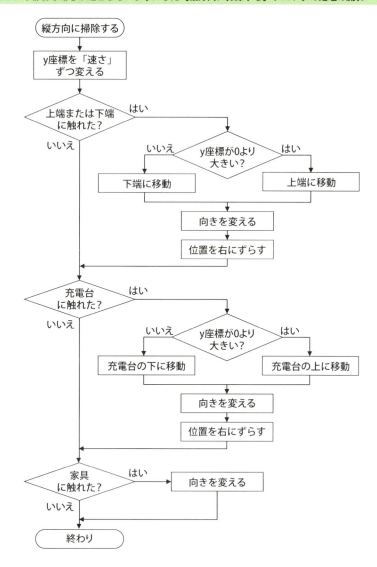

5 直進モードのプログラム

リスト 8.14 改良版の［縦方向に掃除する］ブロックのプログラム（list8-14.sb2）

```
定義 縦方向に掃除する
y座標を (速さ) ずつ変える
もし < y座標 < -147 または y座標 > 147 > なら
    もし < y座標 > 0 > なら
        y座標を 147 にする
    でなければ
        y座標を -147 にする
    速さ▼ を (速さ * -1) にする
    x座標を (x座標 + 50) にする
もし < Home Button▼ に触れた > なら
    もし < y座標 > 0 > なら
        y座標を 64 にする
    でなければ
        y座標を -64 にする
    速さ▼ を (速さ * -1) にする
    x座標を (x座標 + 50) にする
もし < Basketball▼ に触れた または Laptop▼ に触れた > なら
    速さ▼ を (速さ * -1) にする
```

プログラムができたら、コロ丸に作ったプログラムをクリックして実行してみましょう。バスケットボールやPCの位置を変えて、いろいろ試してみてください。先ほどよりも不自然な動きが少なくなったのではありませんか？

右から左に移動する

ステージ右端まで掃除したら、2回目は右から左へ移動しながら縦方向に掃除しましょう。動き方のルールは1回目とほぼ同じです。違うのはコロ丸の初期位置と、ステージ端または充電台に触れたときに左にずらす点です。もちろん、ステージ左端に到達したら終了です。

❶ ステージ右上隅からスタート
❷ ステージ端または充電台に触れたら、左に位置をずらして逆向きに移動
❸ 家具（バスケットボール、PC）に触れたら、逆向きに移動
❹ ステージ左端に到達するまで、❷と❸の動作を繰り返す

このうちの❷と❸が縦方向に掃除をする処理なのですが、「左に位置をずらす」以外は1回目とまったく同じです。同じプログラムを2つ作るのは無駄ですね。先ほど作った [縦方向に掃除する] ブロックを再利用しましょう。しかし、そのまま使うことはできません。理由はわかりますか？

答えは「[x座標を x座標 + 50 にする] で横にずらす量を右方向に固定しているから」です。左に移動するには –50 でなければなりません。どうすればよいと思いますか？　正解は「移動量を [縦方向に掃除する] の引数にする」です。

スクリプトエリアで [定義 縦方向に掃除する] を右クリックして、［編集］を実行してください。［オプション］をクリックすると引数を追加できるようになるので、数値の引数を追加して名前を「ピッチ」にしてください。あとは [x座標を x座標 + 50 にする] を [x座標を x座標 + ピッチ にする] にするだけです。これで引数の値によって、左または右にずらすことができるようになりました。リスト8.15は修正後の [定義 縦方向に掃除する ピッチ] ブロックです。

[縦方向に掃除する ①] のように引数をとるブロックに修正したのですから、コロ丸のプログラムも修正が必要です。p.284の図8.29はコロ丸の処理の流れ、それをもとに作ったプログラムがp.285のリスト8.16です。新たに [ピッチ] という名前の変数を追加[*34]しました。これは横方向の移動量を表しています。なお、[ピッチ] は [縦方向に掃除する ①] ブロックの引数に使うのですが、2回目の掃除では [ピッチ * -1] を渡しています。理由を考えながらプログラムを作ってください。ヒントは「1回

[*34] 「［縦方向に掃除する［ピッチ］］ブロックで［ピッチ］という名前の引数を使っているのに、コロ丸のプログラムで同じ名前の変数を使ってもいいの？」と思ったかもしれませんが、これは問題ありません。詳しい説明は省略しますが、ブロックに送る変数と、それを受け取る側の引数が同じ名前というのは、本格的なプログラミング言語でも認められています。

目は左から右、2回目は右から左に移動しながら縦方向に掃除する」です。

リスト 8.15 引数を追加した［縦方向に掃除する [ピッチ]］ブロック（⇒list8-15.sb2）

```
定義 縦方向に掃除する ピッチ

y座標を 速さ ずつ変える
もし y座標 < -147 または y座標 > 147 なら
    もし y座標 > 0 なら
        y座標を 147 にする
    でなければ
        y座標を -147 にする
    速さ▼ を 速さ * -1 にする
    x座標を x座標 + ピッチ にする
もし Home Button▼ に触れた なら
    もし y座標 > 0 なら
        y座標を 64 にする
    でなければ
        y座標を -64 にする
    速さ▼ を 速さ * -1 にする
    x座標を x座標 + ピッチ にする
もし Basketball▼ に触れた または Laptop▼ に触れた なら
    速さ▼ を 速さ * -1 にする
```

図 8.29 コロ丸のプログラムの流れ

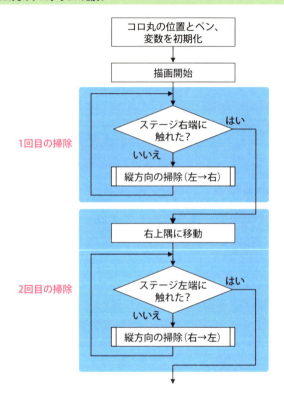

　プログラムができたら、コロ丸のプログラムをクリックして実行してみましょう。充電台から上方向にスタートしたコロ丸は左から右に移動しますか？ ステージ右端に到達したコロ丸は右上隅にゆっくり移動した後、今度は右から左に移動しながら掃除をして、ステージ左端で止まったでしょうか？

　これで縦方向の掃除は終わりです。これだけで部屋全体を掃除できた人もいるでしょうし、半分以上残ってしまった人もいるかもしれません。どのような結果になるかは、家具の配置で異なります。バスケットボールとPCの位置をいろいろ変えて試してみてください。

5 直進モードのプログラム

リスト 8.16 コロ丸のプログラム （list8-16.sb2）

変数： 速さ　ピッチ

```
x座標を -205 、y座標を 64 にする
消す
ペンの色を ■ にする
ペンの太さを 50 にする
ペンを下ろす
速さ ▼ を 5 にする
ピッチ ▼ を 50 にする
x座標 > 205 まで繰り返す
    縦方向に掃除する ピッチ
2 秒でx座標を 205 に、y座標を 147 に変える
x座標 < -205 まで繰り返す
    縦方向に掃除する ピッチ * -1
```

5.5 横方向に掃除する

　3回目と4回目は、横方向の掃除です（→次ページ図8.30）。3回目は左下隅からスタートして下から上へ、4回目は右上隅からスタートして上から下へ移動しましょう。移動の方向はピッチの符号で決まります。

　横方向の移動では、ステージ端に触れたかどうかの判断にx座標を使います。また、充電台に触れたときは強制的に充電台の右側に移動してください。これはコロ丸が充電台の中に入り込むのを防ぐための処理[35]です。それ以外は縦方向の掃除とほぼ同じです。詳しい説明は、この章の「5.4：縦方向に掃除する」を参照してください。

---

[35] 充電台の内側に入ってしまうと「もし充電台に触れたなら」の処理を繰り返すため、この章の「5.4：縦方向に掃除する」の図8.27左と同じような現象が起こります。

図 8.30 横方向の掃除の出発点、ピッチ、進行方向

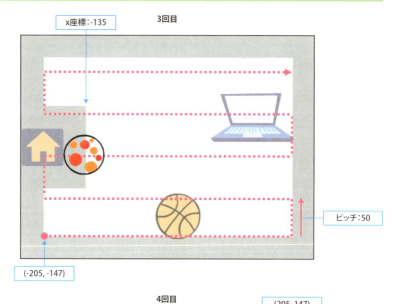

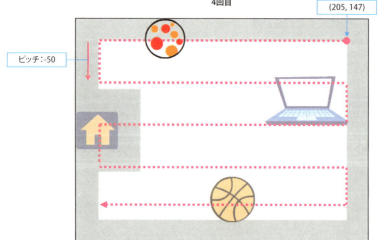

では、プログラムを作っていきます。

［横方向に掃除する［ピッチ］］ブロックを作る

図8.31は横方向の掃除のフローチャートです。新たに ［定義 横方向に掃除する ピッチ］ というブロックを作って、横方向の掃除はそこに定義してください（→ リスト8.17）。

図 8.31 ［横方向に掃除する［ピッチ］］ブロックの処理の流れ

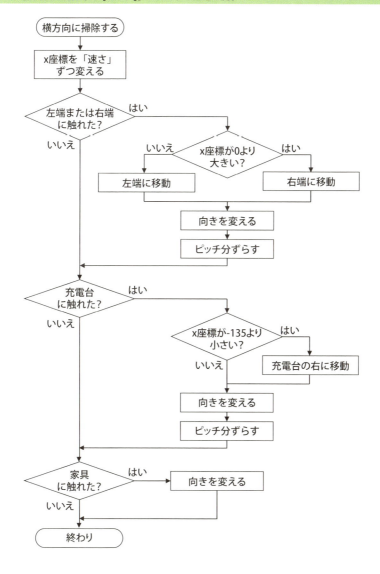

リスト 8.17 ［横方向に掃除する [ピッチ]］ ブロックのプログラム（list8-17.sb2）

```
定義 横方向に掃除する ピッチ

x座標を (速さ) ずつ変える

もし < x座標 < -205 > または < x座標 > 205 > なら
    もし < x座標 > 0 > なら
        x座標を 205 にする
    でなければ
        x座標を -205 にする
    速さ ▼ を (速さ * -1) にする
    y座標を (y座標 + ピッチ) にする

もし < Home Button ▼ に触れた > なら
    もし < x座標 < -135 > なら
        x座標を -135 にする
    速さ ▼ を (速さ * -1) にする
    y座標を (y座標 + ピッチ) にする

もし < Basketball ▼ に触れた > または < Laptop ▼ に触れた > なら
    速さ ▼ を (速さ * -1) にする
```

コロ丸のプログラムを作る

　図 8.32 は、コロ丸の処理の流れです。縦方向の掃除の続き[*36]から記載しました。ここに到達したときの 速さ が正の値か負の値かは、プログラムを実行するまでわかりません。もしも負の値だったら、コロ丸は上に位置をずらしてから右

[*36] ここまでのフローチャートは、「5.4：縦方向に掃除する」の図 8.29 を参照してください。

方向への移動を始めます。具体的に言うと、ステージ下端付近の掃除ができないということです。それを避けるために、横方向の移動を開始する前に速さを初期値[*37]に戻しておきましょう。

リスト8.18は、図8.32をもとに作ったプログラムです。リスト8.16に続けて作成してください。先頭の ［速さ▼］を［絶対値▼（速さ）］にする [*38] は、［速さ］の符号を正の値、つまり初期値にするための処理です。これでコロ丸は左から右方向に動くようになります。

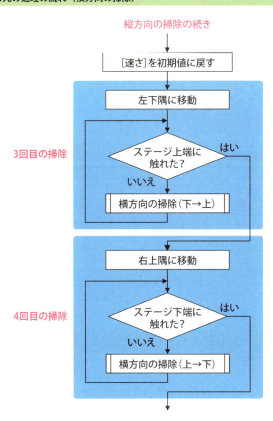

図8.32 コロ丸の処理の流れ（横方向の掃除）

[*37] ［速さ］の初期値には、リスト8.12で「5」を設定しています。
[*38] ［絶対値(　)］は［演算］カテゴリーの一番下にあります。

リスト 8.18　コロ丸のプログラム（横方向の掃除）　list8-18.sb2

変数： 速さ　ピッチ

（リスト 8.16 の続き）

```
速さ ▼ を 絶対値 ▼ ( 速さ ) にする
2 秒でx座標を -205 に、y座標を -147 に変える
y座標 > 147 まで繰り返す
    横方向に掃除する ピッチ
2 秒でx座標を 205 に、y座標を 147 に変える
y座標 < -147 まで繰り返す
    横方向に掃除する ピッチ * -1
```

　プログラムができたら、コロ丸のプログラムをクリックして実行してみましょう。縦方向の掃除の後、コロ丸はゆっくりと左下隅に移動[39]して、それから下から上へ向かって横方向の掃除を開始しましたか？　ステージ上端まで到達した後、今度は上から下へ向かって移動しますか？　部屋全体が掃除できたら大成功です。もしも掃除できない部分があっても、残念ながら現段階の直進モードではこれが限界です。家具（バスケットボールやPC）の位置を変えて試してみてください。

5.6　充電台に戻る

　横方向の掃除を終えた後、コロ丸はどこにいますか？　ステージ下端付近で止まっているのではないでしょうか。掃除を終えたら充電台に戻るところまでがコロ丸の仕事です。その処理を追加しましょう。

---

[39]　左下隅に移動する途中は家具や充電台を避けずにそのまま通過しますが、大目にみてください。

5 直進モードのプログラム

リスト 8.19 は新たに作った ホームに戻る ブロック[*40]です。引数はありません。ブロックの内容を定義したら、コロ丸のプログラム（→リスト 8.18）の最後に ホームに戻る ブロックを追加してプログラムを実行してみましょう。コロ丸が充電台に戻れば成功です。

リスト 8.19 ［ホームに戻る］ブロックのプログラム（→list8-19.sb2）

5.7 タイマーを利用する

直進モードでは、ステージのそれぞれの端に到達したら掃除を完了します。タイマーの出番はほとんどないかもしれませんが、念のために設定した時間が経過したら充電台に戻る機能も追加しておきましょう。家具の配置にもよりますが、まれに充電台と家具の間からコロ丸が抜け出せないという事態が発生します。このような場合でもタイマーをセットしていれば、コロ丸は充電台に戻ることができます。

では、プログラミングしていきましょう。

タイマーを確認するタイミング

タイマーはランダムモードでも利用[*41]しました。このときは「制限時間を超えるまで掃除する」というようにプログラムを作りましたね（→次ページ図 8.33）。しかし、この方法は直進モードでは使えません。その理由を考えてみてください。

[*40] わざわざ部品にしたワケは、この後の「5.7：タイマーを利用する」でわかります。
[*41] この章の「4.4：タイマーをセットする」を参照してください。

図 8.33 ランダムモードでのタイマーの使い方

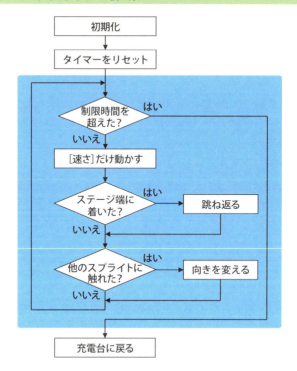

直進モードでは、方向を変えてステージを4往復します。それぞれ「**ステージ端に到達するまで**」という条件で掃除をしましたね。この全体を囲むように「**制限時間を超えるまで**」という条件判断を追加するとどうなるでしょう？　図 8.34 を見ながら考えてみてください。

5 直進モードのプログラム

図 8.34 直進モードの処理の流れにも同じようにタイマーを追加するとどうなる？

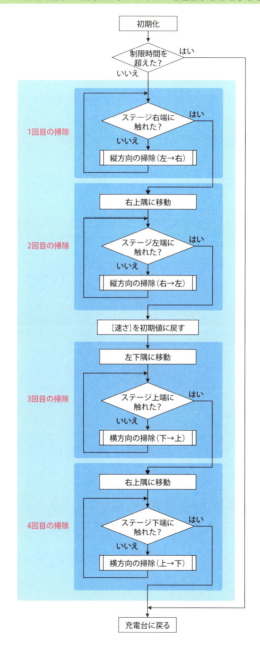

初期化した直後は制限時間内のはずですから、「いいえ」の道を進んで1回目の掃除を開始します。その後、2回目、3回目、4回目と掃除をするにしても――ほら、この中のどこにも制限時間内かどうかを確認する処理がないでしょう？　掃除を開始する直前に時間を確認しても、その後に制限時間を超えたかどうかを確認していなかったら意味がありません。

　直進モードでは、**それぞれの繰り返しの中で制限時間内かどうかを確認するのが正解**です。図8.35は1回目の掃除にこの処理を追加した様子です。同じ処理を2回目以降の掃除でも行ってください。

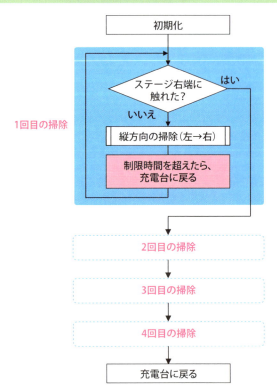

図 8.35　1回目の掃除に制限時間の確認を設けた処理の流れ

5 直進モードのプログラム

［もし制限時間を超えたら、ホームに戻る］ブロックを作る

　もし制限時間を超えたら、充電台に戻る——たったこれだけの処理ですが、同じことを 4 回も実行しなければならないのですから部品（新しいブロック）にしましょう。［その他］カテゴリーで もし制限時間を超えたら、ホームに戻る というブロックを作成して、リスト 8.20 のプログラムを作成してください。

　 タイマー との比較に使った 時間 は、制限時間を入れておくために新たに作った変数です。この後、コロ丸のプログラムで初期値を代入します。3 行目の ホームに戻る ブロックは、「5.6：充電台に戻る」で作ったブロックです。部品にしておくと便利でしょう？　最後の すべて▼ を止める *42 は、すべてのプログラムを停止する命令です。この処理を省略すると残りのプログラムを実行し続けるため、いったんは充電台に戻ったコロ丸が再び動き始めるので注意してください。

リスト 8.20 ［もし制限時間を超えたら、ホームに戻る］ブロックのプログラム（list8-20.sb2）

コロ丸本体のプログラムを修正する

　リスト 8.21 は、コロ丸のお掃除プログラムに「もし制限時間を超えたら、充電台に戻る」という処理を追加したものです。掃除を開始する前に、制限時間とタイマーの初期化を忘れずに行ってください。なお、リスト 8.21 がコロ丸のプログラムの完成形です。

リスト 8.21 コロ丸の掃除に制限時間を設けたプログラム（list8-21.sb2）

変数： 速さ　ピッチ　時間

---

*42　このブロックは［制御］カテゴリーにあります。

第8章 お掃除ロボットを作ろう！

```
■ がクリックされたとき
x座標を -205 、y座標を 64 にする
消す
ペンの色を ■ にする
ペンの太さを 50 にする
ペンを下ろす
速さ ▼ を 5 にする
ピッチ ▼ を 50 にする
時間 ▼ を 60 にする
タイマーをリセット
x座標 > 205 まで繰り返す
    縦方向に掃除する ピッチ
    もし制限時間を超えたら、ホームに戻る
2 秒でx座標を 205 に、y座標を 147 に変える
x座標 < -205 まで繰り返す
    縦方向に掃除する ピッチ * -1
    もし制限時間を超えたら、ホームに戻る
速さ ▼ を 絶対値 ▼ ( 速さ ) にする
2 秒でx座標を -205 に、y座標を -147 に変える
y座標 > 147 まで繰り返す
    横方向に掃除する ピッチ
    もし制限時間を超えたら、ホームに戻る
2 秒でx座標を 205 に、y座標を 147 に変える
y座標 < -147 まで繰り返す
    横方向に掃除する ピッチ * -1
    もし制限時間を超えたら、ホームに戻る
ホームに戻る
```

5 直進モードのプログラム

プログラムができたら、ステージ右上のスタートボタンをクリックして実行してみましょう。リスト 8.21 ではタイマーを 60 にセットしましたが、値をいろいろ変えて、どこを掃除していても時間がきたら充電台に戻ることを確認してください。

> #### Column アプリは本当に完成したの？
>
> お掃除ロボット コロ丸のプログラム、いかがでしたか？ ランダムモードは動き方が毎回異なるので、見ていて楽しいアプリになりました。端からきっちり掃除をする直進モードは、思った以上に複雑なプログラムだったのではないでしょうか。どちらも「自動で部屋を掃除する」という目的は果たしていますが、正直に言うと少しずつごまかしている個所があるのです。
>
> たとえば、直進モードでは障害物と充電台の間にコロ丸が入り込んだとき、そこから自力で脱出できません[43]。また、充電台に触れた後に期待していた方向の掃除をせずに上下または左右に動いてしまう[44]ことがあります。プログラミングの世界では「バグがある」と言われてもしかたのない状況なのです。
>
> 本当はバグのない状態でプログラムを世の中に出す[45]のがプログラマーのあるべき姿なのですが、この先の修正はみなさんにおまかせします。障害物の配置を変えたり、速度やピッチ、制限時間をいろいろ変更して、何度もテストを重ねてください。その中で「？」と思う個所があったら、その理由を考えて解決策を見つけましょう。ここまでプログラミングを勉強してきたみなさんなら、きっとできるはずです！

---

[43] 障害物と充電台の間からコロ丸が抜け出せない——このときコロ丸は、同じところを往復しています。たとえば「同じところを 10 回以上往復したら、コロ丸の位置を変える」のようにプログラミングすれば、コロ丸は障害物と充電台の間から脱出できます。

[44] どの方向から充電台のどこに触れたかを調べて、それに応じてコロ丸の位置と向きをきちんとセットすれば期待どおりに動きます。

[45] プログラミングの世界では「プログラムをリリースする」のように表現します。

第9章 次のステップへ

　Scratchを使ったプログラミング、いかがでしたか？ ここまで小さなプログラムをたくさん作りながら、プログラムとはどのようなものか、やりたいことを実現するにはどうすればいいかを体験してきました。うまく言葉で説明できなくても、「プログラミングってこういうものか」という感覚はなんとなくつかめたのではないでしょうか。

　本書で説明してきたことは、プログラミングの基礎の中の本当に基礎的なことなのですが、本格的なプログラミング言語にも通用する知識ばかりです。この先は自信を持って次のステップに進んでください。

1 本格的なプログラミングを始める前に

　本書では Scratch というツールを使ってプログラミングを学習してきましたが、本当は**プログラミング言語**という日本語でも英語でもない、特殊な言語を使ってプログラムを開発します。これらのプログラミング言語は Scratch のようにブロックを並べるだけ、というわけにはいきません。日本語や英語にも文法があるように、それぞれのプログラミング言語で定められている文法[*1]に従って、命令[*2]を1文字ずつキー入力しなければなりません。少し不安になりましたか？大丈夫です。最初はプログラミング言語にどのような命令があるかわからずに戸惑うかもしれませんが、プログラミングの基礎を身に付けたあなたなら、すぐに慣れるはずです。思い出してみてください。Scratch でプログラミングを始めた頃も、どのカテゴリーにどんなブロックがあるか、まったく知らなかったでしょう？　でも、今はどうですか？　よく使うブロックがどこにあって、どんなふうに使うのか、スラスラ出てくるのではないでしょうか。

　どんなプログラミング言語でも、最初の1つを習得するまでは多少の努力が必要です。しかし、1つの言語をマスターしたら2つ目、3つ目は意外と簡単に習得できるものなのです。なぜなら、どのプログラミング言語にも同じような命令があり、その命令には同じような英単語が使われているからです。たとえば Scratch の は「if～else」、 は「while」、 には「move」や「moveTo」などが使われます。英語が苦手な人でも、なんとなくわかるでしょう？

　この先プログラミング言語を勉強している中で迷うことがあったら、まずは自分のやりたいことを英単語で表現してみてください。その単語をキーワードにして関連書籍や Web で調べる[*3]と、もしかしたら Scratch のブロックと同じよう

[*1] 簡単な言葉に置き換えると、「書き方のルール」のようなものです。
[*2] **コマンド**と呼ぶこともあります。
[*3] Web で公開されているプログラムの多くは、作者に著作権があります。十分に注意してください。

1 本格的なプログラミングを始める前に

に、プログラミング言語にあらかじめ命令として用意されている*4 かもしれません。少しずつ調べながら、どんどん知識を蓄えていきましょう。

---

*4　プログラミング言語に「関数」が用意されている、という意味です。

2 プログラミングに必要な道具

　英語でも日本語でもない、プログラミング言語という言語。実はプログラミング言語で書かれたプログラムをコンピュータは理解できません。「そんなバカな！」と思うかもしれませんが、コンピュータは電気で動く機械、つまり電気信号のオン／オフで動く機械です。数字で表すと 0 と 1。コンピュータが理解できるのは、この 2 つだけなのです。

　「それならプログラミング言語って何？」と思いますよね。これは 0 と 1 しかわからないコンピュータと、0 と 1 だけで命令を書けない人間との橋渡しをするための言語です。

　私たちがプログラミング言語で書いたプログラムは、**コンパイラ**という特殊なツールを使ってコンピュータが理解できる形に翻訳しなければなりません。そして**リンカ**というツールを使って、プログラムを実行できる形に仕上げる必要があります。これらのツールをどこから入手するかは、プログラミング言語ごとに異なります。

　「プログラムを書くだけでいいと思っていたら、なんだか大変そう……」と尻込みしたくなりましたか？　確かにブロックをクリックするだけで実行できる Scratch とは大きく違います。でも、安心してください。多くのプログラミング言語には**統合開発環境**[*5] というものが用意されています。これはプログラムを書くためのエディタのほかに画面をデザインするためのツール、翻訳用のコンパイラ、実行形式に仕上げるためのリンカ、プログラムの間違いを見つけるためのツール[*6] など、プログラム開発に必要なものがすべて揃ったツールです。まずは使用するプログラミング言語に対応する統合開発環境を用意しましょう。現在は多くの統合開発環境が専用の Web サイトからダウンロードできます。

[*5] 　IDE（*Integrated Development Environment*）と表記されることもあります。
[*6] 　これを**デバッガ**と呼びます。

3 どのプログラミング言語を選ぶべきか？

　世の中にはたくさんのプログラミング言語があります。どれを選べばよいか、迷うところですね。ここでは人気のあるプログラミング言語をいくつか紹介します。「これから自分は何をしたいのか」という基準で選ぶのも1つの方法です。

Java（ジャバ）

　いま、とても人気のある言語です。最大の特徴は、Javaが動く環境[*7]さえ整っていれば、OSや機器が異なってもプログラムは実行できるという点です。もう少し具体的な言葉で説明すると、作ったプログラムがWindowsやMac OS、Linuxが搭載されているPCだけでなく、Internet ExplorerやFirefoxなどのブラウザ、携帯電話やスマートフォンでも実行できるということです。いまの段階ではピンとこないかもしれませんが、OSや機器を選ばずに実行できる[*8]というのはすごいこと[*9]なのです。

　なお、Android用のアプリ開発には主にJavaが使われます。統合開発環境にはGoogle社が用意したAndroid Studio[*10]があるので、これを利用しましょう。

C言語（シー）

　UNIXというOSの開発に使われた言語で、多くのプログラミング言語のもとになった言語です[*11]。そのためC言語でプログラミングの基礎を勉強しておくと、他のプログラミング言語に移行しやすいというメリットがあります。また、OSの開発に使われただけあってプログラムの実行速度がとても速いため、今もいろい

[*7] これを **Java 仮想マシン**（**JVM**：*Java Virtual Machine*）と言います。
[*8] これを **マルチプラットフォーム** と言います。「プラットフォーム」とは、コンピュータが動作する環境のことです。
[*9] 通常はOSに対応したコンパイラを使ってプログラムを翻訳します。そのためWindows用のコンパイラで翻訳したプログラムは、Mac OSでは動作しません。
[*10] http://developer.android.com/sdk/index.html
[*11] 単に「C」と呼ばれることもあります。

ろな場面で使われている言語です。

　いろいろな場面で使われるＣ言語には、多くのコンパイラが用意されています。実行環境に対応したコンパイラを準備する必要があります。

C++（シープラスプラス）

　Ｃ言語に**オブジェクト指向**の概念を取り入れた言語です。オブジェクト指向とは「もの（オブジェクト）」を中心にプログラムを考える手法で、現在は多くのプログラミング言語がこの手法を取り入れています。

　オブジェクト指向の概念が加わったことでＣ言語よりも少し難しくはなりますが、大規模なプログラムを開発できるため、OSの核になる部分[*12]やデバイスドライバ[*13]、またコンパイラやリンカの開発に使われています。

Column　オブジェクト指向プログラミングとは？

　オブジェクトとは、プログラムで扱う「もの」のことです。たとえばScratchであれば、ステージに登場するネコやネズミがオブジェクトです。そのオブジェクトを中心にプログラムを考える――実は、みなさんはすでに経験済みなんです。

　第7章「3：複数のスプライトを利用しよう」で、ネコがネズミを追いかけるプログラムを作ったのですが覚えていますか？　このときネコの動き方はネコの画面[*14]、ネズミの動き方はネズミの画面[*15]のように、それぞれ別の画面でプログラムを作りましたね。ほら、ちゃんとオブジェクトごとに何をすべきかを考えて、最終的に「ネコがネズミを追いかける」という1つのプログラムに仕上げたでしょう？

　オブジェクト指向プログラミングという言葉を聞くと、とても難しいことのように思うかもしれませんが、それは一昔前の話です。現在は多くのプログラミング言語がこの手法を取り入れているため、特別なことを意識しなくても自然にオブジェクト指向のプログラミングができるようになっています。

[*12]　これを「カーネル」と言います。
[*13]　PCに接続する周辺機器を制御するためのソフトウェアです。
[*14]　第7章「3.3：ネコを動かすプログラム」を参照してください。
[*15]　第7章「3.2：ネズミを動かすプログラム」を参照してください。

3 どのプログラミング言語を選ぶべきか？

C#
<small>シーシャープ</small>

　Microsoft社が開発した言語です。C言語のように書きやすく、C++のようにオブジェクト指向を取り入れていて、さらにプログラマーが使いやすい気の利いた機能も多いことから、とても人気があります。

　なお、Microsoft社は統合開発環境として無償のVisual Studio Community[16]を提供しています。これを利用すればC#はもちろん、C++やC言語のコンパイル[17]も可能です。

Swift
<small>スウィフト</small>

　Apple社が開発した言語で、Mac OSやiOS用のプログラムを開発するための言語です。以前はObjective-Cという言語を使用していましたが、Swiftはそれに代わる言語です。

　Swiftは「iPhoneやiPadで動作するアプリを作りたい！」という人には必須の言語です。開発環境にはXcode[18]を使うのですが、これはMac OS専用の統合開発環境です。つまり、iOS用のアプリを開発するにはMac Book AirやMac Book Proなど、Mac OSを搭載したPCが必要になります。

JavaScript
<small>ジャバスクリプト</small>

　Web上で動くプログラムの開発に使われる言語[19]で、HTML[20]と組み合わせて使います。最大の魅力はWindowsの「メモ帳」のようなテキストエディタとInternet ExplorerやEdgeのようなブラウザがあれば、すぐにプログラムを作って実行できるという点です。この手軽さはScratchとよく似ていますね。「今すぐに何かプログラミング言語を試してみたい！」という人にはおすすめの言語です。

Processing
<small>プロセシング</small>

　プログラミングの学習用に開発された言語ですが、画面上に図形を描いたり写

---

[16] https://www.visualstudio.com/ja-jp/products/visual-studio-community-vs.aspx
[17] コンパイラを使ってプログラムを翻訳することを**コンパイル**と言います。なお、C言語のコンパイルは、コマンドラインで行う必要があります。
[18] https://developer.apple.com/jp/xcode/downloads/
[19] 正確に言うと、JavaScriptは**スクリプト言語**と呼ばれる言語です。今の段階では簡易プログラミング言語という認識でかまいません。なお、この後に説明するPython、PHP、Rubyもスクリプト言語です。
[20] Webブラウザに表示される画面を定義するためのマークアップ言語です。

真を加工するといったビジュアルな表現がとても得意な言語です。また、投げたボールの軌跡や物体の衝突などの物理シミュレーションや3次元グラフィックスも得意なことから、工学系の勉強をしている人には特におすすめの言語です。

Processingは言語と一緒に開発環境[21]が提供されます。同時にサンプルプログラムも豊富に提供されるため、それらを見ているだけでどのようなプログラムが作れるかを感覚的につかむことができます。

Python、PHP、Ruby

いずれもWeb上で動作するプログラムの開発が得意な言語です。中でもPython[22]はYouTubeやDropBoxのシステムアプリの開発にも使われていることから、大規模なプログラムの開発ができる言語であることがわかります。また、Pythonはプログラムの書き方に厳しくルールが決められているため、誰が書いても同じようなプログラムになるのが特徴です。「ルールが厳しい」と聞くと難しいイメージがありますが、このルールのおかげでプログラムはとてもシンプルでわかりやすいものになるため、プログラミングの経験が少ない人にも無理なく学習できる言語です。

[21] https://processing.org/download/
[22] http://www.python.jp/

4 Scratchとの違い

　プログラミングに関する難しい知識が一切なくても、Scratchを使えばプログラムを作って実行することができました。プログラミングの楽しさを十分に理解していただけたのではないでしょうか。これから先は、一歩進んで本格的なプログラミングの世界に進みましょう。はじめのうちはScratchとの違いに戸惑うことがあるかもしれません。最後にScratchと本格的なプログラミング言語との違いをいくつか紹介します。

4.1 Scratchだけの便利な機能

　Scratchでプログラムを作るために使用するブロック。とても便利でしたね。一般的なプログラミング言語では、ブロックではなく**関数**や**メソッド**[23]を使ってプログラムを作ります。これらは決まった処理を行うようにプログラミングされた、いわばプログラムの部品です。Scratchのほとんどのブロックは関数やメソッドとしてプログラミング言語に用意されているのですが、 `もし端に着いたら、跳ね返る` や `10 歩動かす`、 `▼に触れた` のように特に便利なブロックは、残念ながらプログラミング言語にはありません。「とても便利なのに、どうして？」と思いましたか？

　よく使う機能でありながら、自分で作ると少し手間がかかる——そんな機能がScratchにはあらかじめ用意されていたのです。理由はもちろん、誰でもすぐにプログラミングを始められて、プログラミングの楽しさを実感できるようにするためです。その妨げになるものは、あらかじめ排除されていたというわけです。

　第6章「4：ひとり歩きを始めたネコ」では、 `もし端に着いたら、跳ね返る` と同じ機能を自分でプログラミングしました。「端に着く」とはどういうことか、「跳ね返る」

---

[23] オブジェクト指向プログラミングで使われる言葉で、オブジェクトの動き（「振る舞い」と表現することもあります）が定義されています。

とはどういう動きかを詳しく分析してプログラミングする——手間はかかりましたが、ちゃんとできたでしょう？

Scratchでできたことは、他のプログラミング言語でもできるのです。もしもプログラミング言語にScratchと同じ機能がなかったら、その機能が何をするものなのか、そのためには何が必要で、どのような順番で処理をすればよいかを考えてみてください。あとはプログラミングするだけです。

4.2 変数の有効範囲

「変数」はプログラムの中で使う値を入れておくための領域です。Scratchでは［データ］カテゴリーの［変数を作る］ボタンをクリックして作ります[*24]（→図9.1）。このとき［すべてのスプライト用］というオプションを選択したのですが、詳しい説明はしていませんでしたね。

図9.1 新しい変数を作る画面

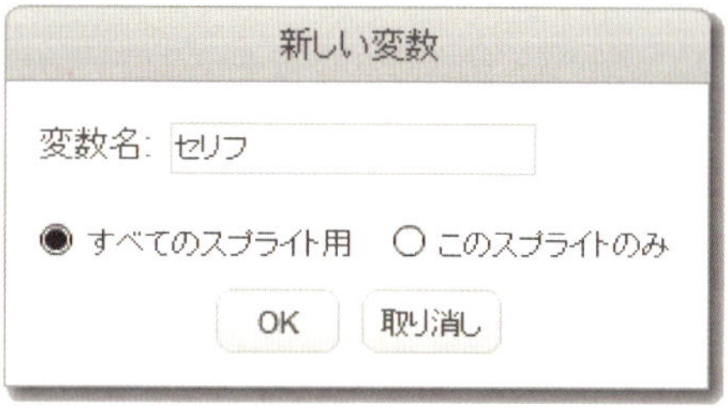

ステージに複数のスプライトがある場面を想像してください。図9.2上はネコの編集画面、図9.2下はネズミ（Mouse1）の編集画面です。よく見ると変数の セリフ は両方の画面にありますが、 ネズミのセリフ はネズミの画面にしかありませんね。

[*24] 第3章「3.1：変数を作ろう」を参照してください。

4 Scratchとの違い

図 9.2 ネコのプログラム（上）とネズミのプログラム（下）

`セリフ` は［すべてのスプライト用］を選択して作った変数です。この変数はステージ上のすべてのスプライトが値を代入したり参照したりすることができます。一方の `ネズミのセリフ` は、ネズミの画面で［このスプライトのみ］を選択して作った変数です。この場合は変数を作ったスプライトしか利用できません[*25]。プログラミング言語の世界では前者を**外部変数**、後者を**内部変数**と呼ぶので覚えておきましょう。

変数の有効範囲は、プログラムを作るうえでとても重要です。これから先は、**どこまでの範囲で使える変数なのかをきちんと意識しながらプログラムを作る**ようにしましょう。

4.3 オリジナルのブロックと関数の違い

Scratchでは［その他］カテゴリーで［ブロックを作る］ボタンをクリックすれば、オリジナルのブロックを作ることができます。同じように、本格的なプログラミング言語でもオリジナルの関数は自由に作ることができます。プログラムの作り方はどちらも同じなのですが、1つだけ、Scratchで作ったブロックにはできないことが関数ではできるようになります。それは**プログラミング言語の関数は、その中で処理した結果を呼び出し元のプログラムに返すことができる**[*26]という点です。具体的な例を挙げて説明しましょう。

Scratchの［演算］カテゴリーの中に `1番目( world )の文字` というブロックがあります。これをクリックすると、「world」の1文字目である「w」が画面に表示されますね（→図9.3左）。また、`world の長さ` をクリックすると「5」が表示されます（→図9.3中）。前者は「worldの1文字目を取り出した結果」、後者は「worldの文字数を数えた結果」です。そして `1文字目 を 1番目( world )の文字 にする` を実行すれば、`1文字目` という変数に `1番目( world )の文字` で処理した結果を入れることができましたね。これが「関数の中で処理をした結果を呼び出し元に返す」ということです。残念ながらScratchで作るオリジナルのブロックでは、そのブロックの中で処理した結果を返すことができません。

[*25] ［データ］カテゴリーで新しいリストを作るときも同様です。
[*26] これを関数の**戻り値**または**リターン値**と言います。

図9.3 値を返すブロック

処理の結果を変数に代入する

　いまの段階では関数が処理をした結果を返すことがどれだけ便利なことなのか、ピンとこなくてもしかたがありません。いつかプログラミング言語に慣れてきたら「なるほど！」と思うときがくるはずです。

4.4 コンピュータ世界の座標系

　次ページの図9.4はScratchで使う座標系です。原点はステージの中央で、x軸は左から右、y軸は下から上が正方向になります。また、角度はy軸を基準に時計回りに0〜180度、反時計回りに0〜-180度です。ただし、これはScratch特有の座標系です。

　コンピュータの世界では、次ページ図9.5の座標系[*27]が一般的です。原点は画面の左上端、x軸は左から右、y軸は上から下が正方向です。y軸の向きがScratchとは逆になるので注意しましょう。また、角度はx軸の正方向を基準に反時計回りに0〜360度が一般的ですが、プログラミング言語によっては時計回りになる場合もあります。詳しくはご使用になるプログラミング言語のマニュアルを参照してください。

[*27] これを**スクリーン座標系**と呼びます。

図 9.4 Scratch の座標系

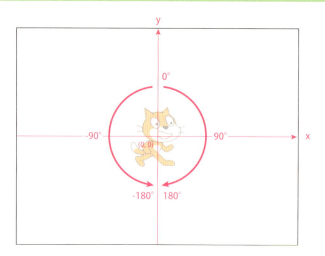

図 9.5 一般的なプログラミング言語で使われる座標系

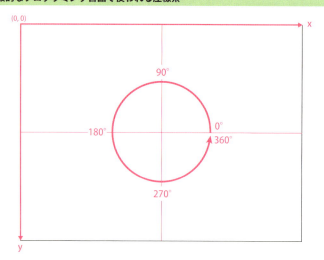

4.5 用語について

　Scratch は特別な知識がなくてもプログラミングを体験できる、素晴らしいツールです。Scratch をきっかけにして、本格的なプログラミング言語の勉強を始める方もたくさんいると思います。そのときに知らない言葉が出てきてとまどうことがないように、本文や脚注では関数[28]や配列[29]、外部変数や内部変数[30]など、プログラミングの世界で使われる用語をいくつか紹介しました。これらは主に C 言語で使われる用語です。

　厳密に言えば、ほかのプログラミング言語、特にオブジェクト指向の概念を取り入れたプログラミング言語には、本書で紹介したものよりも適切な用語があるのですが、今回はあえてそれらを封印しました。最初からたくさんの用語を覚えようとしても、頭が混乱するでしょう？

　これから先、プログラミングの勉強をする中で「これって Scratch のリストと一緒だな」とか「このスプライトだけが利用できる変数って、これのことか」と気付く場面があると思います。そのときにあらためて用語を確認してください。概念や使い方をしっかり理解してから、その呼び方、つまり用語を覚えるというのも 1 つの勉強方法です。

---

[28] 第 7 章「1.2：［ジャンプする］ブロックを作る」を参照してください。
[29] 第 5 章「3.1：番号付きの箱を利用する」を参照してください。
[30] この章の「4.2：変数の有効範囲」を参照してください。

Think

Write Down

付録
ブロック一覧

Draw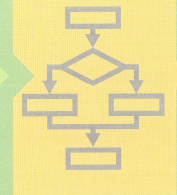

Construct

Play

付録 ブロック一覧

　本書は Scratch を利用してプログラミングの基礎を学習することを目的としています。そのためプログラミングの学習に必要なブロックのみの説明になりました。本書で紹介しきれなかったブロックには、音を鳴らしたりスプライトの色や見え方を変えたりするなど、面白いブロックがたくさんあります。いろいろ組み合わせるとグリーティングカードやゲームなど、楽しいアプリを作ることができます。ぜひ、チャレンジしてください。

　ここに各カテゴリーに含まれるブロックと、そのブロックが何をするものか、簡単な説明をまとめました。引数に表示されているのは、そのブロックの初期値です。なお、変数とリストおよびブロックは、それぞれ「速さ」、「データ」、「ジャンプする」という名前で作った場合を例として載せています。

[動き]カテゴリー

ブロック	説明
10 歩動かす	スプライトが向いている方向へ、指定の歩数だけ動かす（負の値を指定したときは逆向きに移動する）
15 度回す（時計回り）	スプライトを時計回りに回す
15 度回す（反時計回り）	スプライトを反時計回りに回す
90 度に向ける	スプライトの向きを指定する
▼へ向ける	マウスポインターまたは指定のスプライトに向ける
x座標を 0、y座標を 0 にする	指定の位置に移動する
マウスのポインター▼ へ行く	マウスポインターまたは指定のスプライトの位置に移動する
1 秒でx座標を 0 に、y座標を 0 に変える	指定の位置に、指定の秒数で移動する
x座標を 10 ずつ変える	x 座標に指定の値を足して、x 座標を更新する
x座標を 0 にする	x 座標を指定する
y座標を 10 ずつ変える	y 座標に指定の値を足して、y 座標を更新する
y座標を 0 にする	y 座標を指定する
もし端に着いたら、跳ね返る	ステージの端に触れたときに跳ね返る

回転方法を 左右のみ にする	回転時の表示方法を設定する（[左右のみ]を選択したときは、スプライトの[向き]にかかわらず左右に固定される）
x座標	スプライトのx座標
y座標	スプライトのy座標
向き	スプライトの向き（進行方向）

[見た目]カテゴリー

Hello! と 2 秒言う	指定した時間、吹き出しにセリフを表示する
Hello! と言う	吹き出しにセリフを表示する
Hmm... と 2 秒考える	指定した時間、考え中の吹き出しにセリフを表示する
Hmm... と考える	考え中の吹き出しにセリフを表示する
表示する	スプライトをステージ上に表示する
隠す	スプライトを非表示にする
コスチュームを コスチューム2 にする	指定のコスチュームに変える
次のコスチュームにする	コスチュームリストに登録されている順番に、コスチュームを変える
背景を 背景1 にする	指定の背景に変える
背景を 背景1 にして待つ ＊	指定の背景に変えた後、そのスクリプトが完了するまで次のスクリプトを実行せずに待つ
次の背景 ＊	背景リストに登録されている順番に、背景を変える
色 の効果を 25 ずつ変える	指定した画像効果を、指定の値ずつ変える（-100〜100 または 0〜100 で指定）
色 の効果を 0 にする	指定した画像効果を、指定の値で実行する（-100〜100 または 0〜100 で指定）
画像効果をなくす	すべての画像効果を消去する
大きさを 10 ずつ変える	指定の値ずつ大きさを変える

ブロック	説明
大きさを 100 % にする	大きさを指定する
前に出す	スプライトを最前面に移動する
1 層下げる	指定の数だけ背面に移動する
コスチューム #	コスチュームリスト内の番号
背景の名前	背景の名前
背景 # ★	背景リスト内の番号
大きさ	スプライトの大きさ

★印を付けたブロックは、ステージリストで背景を選択したときだけ利用できます。

[音]カテゴリー

ブロック	説明
ポップ▼ の音を鳴らす	スプライトに登録されている音または録音した音を鳴らす
終わるまで ポップ▼ の音を鳴らす	最後まで音を鳴らしてから、このブロックに続くスクリプトを実行する
すべての音を止める	すべての音を停止する
1▼ のドラムを 0.25 拍鳴らす	選択したドラムの音を、指定の拍数鳴らす
0.25 拍休む	指定の拍数休む
60▼ の音符を 0.5 拍鳴らす	指定の音程を、指定の拍数鳴らす（「60」は中央の「ド」）
楽器を 1▼ にする	楽器を指定する（ 60▼の音符を 0.5 拍鳴らす を実行すると、ここで選択した楽器の音色になる）
音量を -10 ずつ変える	音量を指定の値ずつ変える
音量を 100 % にする	音量を指定する
音量	現在の音量
テンポを 20 ずつ変える	テンポを指定の値ずつ変える
テンポを 60 BPMにする	テンポを指定する（BPM：1分間の拍数）
テンポ	現在のテンポ

［ペン］カテゴリー

ブロック	説明
消す	すべての描画（軌跡、スタンプ）を消去する
スタンプ	ハンコを押すように、スプライトのイメージを描画する
ペンを下ろす	軌跡の描画を開始する
ペンを上げる	軌跡の描画を終了する
ペンの色を ■ にする	ペンの色を指定する
ペンの色を 10 ずつ変える	ペンの色を指定の値ずつ変える
ペンの色を 0 にする	ペンの色を 0 ～ 200 の範囲で指定する（例：0：赤、70：緑、130：青）
ペンの濃さを 10 ずつ変える	ペンの明るさを指定の値ずつ変える
ペンの濃さを 50 にする	ペンの明るさを 0 ～ 100 の範囲で指定する（0 ～ 100：暗～明）
ペンの太さを 1 ずつ変える	ペンの太さを指定の値ずつ変える
ペンの太さを 1 にする	ペンの太さを指定する

［データ］カテゴリー

ブロック	説明
変数を作る	変数を作成する
速さ	自作の変数が作成した数だけ表示される（チェックを付けるとステージに表示される）
速さ▼ を 0 にする	変数に値を代入する
速さ▼ を 1 ずつ変える	現在の変数に指定の値を足して、その値で変数を更新する
変数 速さ▼ を表示する	指定の変数をステージに表示する
変数 速さ▼ を隠す	ステージに表示されている変数を非表示にする
リストを作る	リストを作成する
データ	自作のリストが作成した数だけ表示される（チェックを付けるとステージに表示される）

付録 ブロック一覧

ブロック	説明
`thing` を `データ` に追加する	リストの最後に値を追加する
`1` 番目を `データ` から削除する	指定の番号の値を削除する
`thing` を `1` 番目に挿入する（`データ`）	指定の位置に値を挿入する
`1` 番目（`データ`）を `thing` で置き換える	指定の番号の値を、指定の値で置換する
`1` 番目（`データ`）	指定の番号の値
`データ` の長さ	登録されている値の個数
`データ` に `thing` が含まれる	指定の値が登録されているかどうかを調べる（値が登録されているときは「はい（true）」になる）
リスト `データ` を表示する	指定のリストをステージに表示する
リスト `データ` を隠す	ステージに表示されているリストを非表示にする

[イベント]カテゴリー

ブロック	説明
がクリックされたとき	ステージ右上のスタートボタンがクリックされたときに、このブロックに続くスクリプトを実行する
`スペース` キーが押されたとき	指定のキーが押されたときに、このブロックに続くスクリプトを実行する
このスプライトがクリックされたとき	スプライトがクリックされたときに、このブロックに続くスクリプトを実行する
背景が `背景1` になったとき	指定の背景に変わったときに、このブロックに続くスクリプトを実行する
`音量` > `10` のとき	音量またはタイマー、ビデオモーションが指定の値を超えたとき、このブロックに続くスクリプトを実行する
`メッセージ1` を受け取ったとき	指定のメッセージを受け取ったとき、このブロックに続くスクリプトを実行する
`メッセージ1` を送る	すべてのスプライトにメッセージを送る
`メッセージ1` を送って待つ	すべてのスプライトにメッセージを送った後、それを受け取ったスプライトがスクリプトを実行し終わるのを待つ

[制御]カテゴリー

ブロック	説明
1秒待つ	指定の秒数が経過するまで、以降のスクリプトを実行せずに待つ
10回繰り返す	ブロック内の処理を指定の回数繰り返す
ずっと	ブロック内の処理をずっと繰り返す
もし〜なら	指定の条件を判断した結果が「はい（true）」のとき、ブロック内の処理を実行する
もし〜なら でなければ	指定の条件を判断した結果が「はい（true）」のときは〔もし〜なら〕ブロック内の処理、「いいえ（false）」のときは〔でなければ〕ブロック内の処理を実行する
〜まで待つ	指定の条件を判断した結果が「はい（true）」になるまで、以降のスクリプトを実行せずに待つ
〜まで繰り返す	指定の条件を判断した結果が「はい（true）」になるまで、ブロック内の処理を繰り返す
すべて▼を止める	指定のスクリプトを停止する
クローンされたとき	指定のスプライトのクローン（コピー）が作成されたとき、このブロックに続くスクリプトを実行する
自分自身▼のクローンを作る	指定のスプライトのクローン（コピー）を作成する
このクローンを削除する	クローンを削除する（[クローンされたとき] ブロック内で使用する）

[調べる]カテゴリー

ブロック	説明
▼に触れた	スプライトがステージ端、マウスポインターまたは指定のスプライトに触れたとき、「はい（true）」になる
色に触れた	スプライトが指定の色に触れたとき、「はい（true）」になる

ブロック	説明
`■色が ■色に触れた`	最初の色が2番目の色に触れたとき、「はい(true)」になる
`▼までの距離`	マウスポインターまたは指定のスプライトまでの距離
`What's your name? と聞いて待つ`	吹き出しにセリフを表示して、キー入力を待つ
`答え`	`What's your name? と聞いて待つ` を実行したときにキー入力された値
`スペース▼キーが押された`	指定のキーが押されたとき、「はい(true)」になる
`マウスが押された`	マウスボタンが押されたとき、「はい(true)」になる
`マウスのx座標`	マウスポインターの位置(x座標)
`マウスのy座標`	マウスポインターの位置(y座標)
`音量`	PCのマイクで検知される音量(1〜100の値になる)
`ビデオの モーション▼ ( このスプライト▼ ) ★`	カメラ入力した映像とスプライトが重なる領域(またはステージ全体)で、映像が動いた量(または動いた方向)
`ビデオを 入▼ にする ★`	カメラ入力を開始または停止する([左右反転]を選択したときは、映像の左右を反転する)
`ビデオの透明度を 50 % にする ★`	カメラ入力した映像の透明度を指定する(0〜100: 不透明〜透明)
`タイマー`	Scratchを起動してから現在までの時間(秒単位)
`タイマーをリセット`	タイマーを0で初期化する
`x座標▼ ( スプライト1▼ )`	指定したスプライトの位置や向き、コスチューム名、大きさ、または音量を参照する
`現在の 分▼`	今日の日付や曜日、現在時刻を参照する
`2000年からの日数`	2000年からの経過日数
`ユーザー名`	プロジェクトを参照しているユーザー名

★印を付けたブロックを実行するには、ウェブカメラが必要です。

[演算]カテゴリー

ブロック	説明
`○ + ○`	足し算

ブロック	説明
● - ●	引き算
● * ●	掛け算
● / ●	割り算
1 から 10 までの乱数	指定した範囲内の乱数を取得する
● < ●	左辺が右辺よりも小さいとき、「はい（true）」になる
● = ●	左辺と右辺が等しいとき、「はい（true）」になる
● > ●	左辺が右辺よりも大きいとき、「はい（true）」になる
かつ	両方の条件式を判断した結果が「はい（true）」のとき、「はい（true）」になる
または	どちらか一方の条件式を判断した結果が「はい（true）」のとき、「はい（true）」になる
ではない	指定した条件式を判断した結果が「いいえ（false）」のとき、「はい（true）」になる（例：[速さ=0 ではない] のときは、速さが 0 以外のときに true になる）
hello と world	2 つの文字列をつなげて、1 つの文字列にする
1 番目(world)の文字	括弧内の文字列の指定した位置の文字を取得する
world の長さ	文字列の長さを取得する
● を ● で割った余り	割り算の余り
● を四捨五入	四捨五入した値を取得する
平方根 ▼ (9)	平方根や絶対値、三角関数などの演算を行う

[その他] カテゴリー

ブロック	説明
ブロックを作る	新しいブロックを作成する
ジャンプする 1	自作のブロックが作成した数だけ表示される（引数がある場合は、その数や種類に応じたスペースができる）
拡張機能を追加	Scratch にハードウェアや Web サービスの機能を追加する

索 引

記号

［＋］ 86
［－］ 86
［＊］ 86
［／］ 86
［＜］ 106
［＝］ 58, 106
［＞］ 106

数字

［1 から 10 までの乱数］ 258
［1 番目 (world) の文字］ 138
［1 番目 (データ)］ 150
［1 番目をデータから削除する］ 156
［1 秒で x 座標を 0 に、y 座標を 0 に変える］ 36
［1 秒待つ］ 35
2 進数 96
2 進法 96
［10 回繰り返す］ 63, 104
10 進数 96
10 進法 96
［10 歩動かす］ 34
［90 度に向ける］ 65, 195, 198

A

Adobe AIR 18, 21
AND 演算 114

C

C 言語 303
C# 305
C++ 304

F

false 107

H

［Hello! と 2 秒言う］ 50
［Hello! と言う］ 54
［hello と world］ 82, 130
［Hmm... と 2 秒考える］ 50
HTML 305

I

［i］ボタン 39
IDE 302

J

Java 303
JavaScript 305

N

NULL 132

O

Objective-C 305
OR 演算 113

P

PHP 306
Processing 305
Python 306

R

Ruby 306

S

Scratch 14, 31
Scratch 2 オフラインエディター 16, 20, 22
Swift 305

T

[thing をデータに追加する]	155
true	107

W

[What's your name? と聞いて待つ]	52, 70
[world の長さ]	139

X

[x 座標]	74
x 座標	183
[x 座標 (スプライト 1)]	253
[x 座標を 0 にする]	186
[x 座標を 0、y 座標を 0 にする]	41
x 軸	32, 183

Y

[y 座標]	74
y 座標	183
[y 座標を 0 にする]	32, 186
y 軸	32, 183

あ行

値の変更	40
[新しいメッセージ ...]	233
当たり判定	202
いいえ	107
以下	111
以上	110
位置	183
移動	42
イベント	224
[イベント] カテゴリー	225
入れ子	146
インクリメント	154
インデックス	150
動き	183
[演算] カテゴリー	85, 106
[大きさ]	178
[大きさを 10 ずつ変える]	177
オブジェクト指向	304
オリジナルのブロック	310
オンラインでの使用（Scratch）	15

か行

回転しない	198
回転の種類	185, 197, 198
[回転方法を左右のみにする]	65, 193, 198
外部変数	310
掛け算	85
［　かつ　］	112, 114, 122
カテゴリー	37
関数	215, 307, 310
軌跡	248
繰り返し処理	64
計算の優先順位	91
[消す]	250
公式サイト（Scratch）	14
誤差	96
[コスチューム] タブ	169
[答え]	52, 70
[このスクリプトを止める]	137
[このスプライトがクリックされたとき]	227
[このスプライトのみ]	310
小箱	149
小箱の中身	150, 152
コメント	163
コンパイラ	302
コンパイル	305

さ行

再利用	219
削除	42
削除（小箱）	150, 156
座標系	311
座標の原点	32, 183
左右のみ	198
算術演算子	85

索引

四捨五入	97
実数	96
自由に回転	198
順次実行	51
条件式	106
条件判断	56
初期化	182
進行方向	198
真理値表	112
数字	84, 108
数値	84, 108
［数値の引数を追加］ボタン	221
スクリーン座標系	311
スクリプトエリア	38
スクリプト言語	305
スタートボタン	45
［スタートボタンがクリックされたとき］	44, 226
［ステージ］	172
ステージ	39
ストップボタン	45
スプライト	37
スプライトの削除	229
スプライトの追加	228
スプライトリスト	39
［スプライトをライブラリーから選択］ボタン	228
［スペースキーが押された］	186
［スペースキーが押されたとき］	227
［すべてのスプライト用］	308
［すべてを止める］	295
［制御］カテゴリー	131
整数	96
［絶対値 (速さ)］	289
全角	85, 108
添え字	150
［その他］カテゴリー	215

た行

代入	80
［タイマー］	255
［タイマーをリセット］	255
足し算	85
正しい	107
正しくない	107
追加 (小箱)	149, 155
［次のコスチュームにする］	170
定数	279
［データ］カテゴリー	77, 148
［データの長さ］	153
デバッガ	302
デバッグ	75
デバッグプリント	75
統合開発環境	302

な行

内部変数	310
流れ図	67
二重ループ	145
［　に触れた］	178, 202, 250
日本語表示 (Scratch)	24
ネコの大きさ	204
ネスト	146

は行

はい	107
［背景］タブ	172
［背景を次の背景にする］	175, 181
配列	148
バグ	75
跳ね返る	199
速さ	186
［速さを 0 にする］	79, 131
パラパラ漫画	169
半角	84, 108
比較演算	106
引き算	85
引数	220
開く	47
複製	42

| フローチャート | 67 |

プログラミング	28
プログラミング言語	302
プログラム	27
プログラムの実行	44
プログラムの停止	45
プログラムの編集	40
ブロック	37, 236
ブロックの合体	41
ブロックパレット	37
［ブロックを作る］ボタン	215, 310
［ブロックを編集］	220
［　　へ向ける］	193, 198
ヘルプ	39
［ペン］カテゴリー	248
変数	55, 71, 308
変数の初期化	132
変数の有効範囲	308
［変数を作る］ボタン	77, 308
［ペンの色を　にする］	248
［ペンの太さを1にする］	249
［ペンを上げる］	257
［ペンを下ろす］	249
方向	184
保存	46

ま行

［マウスのx座標］	191
［マウスのy座標］	191
［マウスのポインターへ行く］	191, 244
［前に出す］	232
［　　または　　］	112, 113
［　　まで繰り返す］	134, 257
［　　までの距離］	193
マルチプラットフォーム	303
［（右に）15度回す］	74, 251
［見た目］カテゴリー	170
［向き］	74, 198, 201
向き	185, 198

メソッド	307
メッセージ	233, 236
［メッセージ1を受け取ったとき］	235, 236
［メッセージ1を送る］	233, 236
［もし　なら］	116, 124
［もし　なら、でなければ］	57, 104, 124
［もし端に着いたら、跳ね返る］	196, 199, 247
戻り値	310

や行

要素	149
要素数	148
より大きい	110
より小さい	110

ら行

［ライブラリーから背景を選択］ボタン	173
乱数	258
リスト	50, 148
［リストを作る］ボタン	148
リターン値	310
リンカ	302
ループ	152
ループ処理	64
論理演算	112
論理積	114
論理和	113

わ行

| 割り算 | 85 |
| ［　　を四捨五入］ | 96 |

カバーデザイン ❖ 釣巻敏康（釣巻デザイン室）
カバーイラスト ❖ 袴田一夫
本文イラスト ❖ 田中 斉
　　　編集 ❖ 高橋 陽
　　　担当 ❖ 跡部和之

本書には、イラストAC（http://www.ac-illust.com/）およびSilhouette Design（http://kage-design.com/）の素材を使用しています。

これからはじめるプログラミング
作って覚える基礎の基礎

2016年8月25日　初版　第1刷発行

監修者　谷尻豊寿（たにじりとよひさ）
著　者　谷尻かおり（たにじり）
発行者　片岡　巌
発行所　株式会社技術評論社
　　　　東京都新宿区市谷左内町 21-13
　　　　電話　03-3513-6150　販売促進部
　　　　　　　03-3513-6166　書籍編集部
印刷／製本　港北出版印刷株式会社

定価はカバーに表示してあります

本書の一部または全部を著作権法の定める範囲を越え、無断で複写、複製、転載、あるいはファイルに落とすことを禁じます。

©2016　株式会社メディックエンジニアリング

造本には細心の注意を払っておりますが、万一、乱丁（ページの乱れ）や落丁（ページの抜け）がございましたら、小社販売促進部までお送りください。送料小社負担にてお取り替えいたします。

ISBN978-4-7741-8298-8　C3055

Printed in Japan